地理发现之旅

谢登华 编著　丛书主编 周丽霞

冰川：千万年厚厚积雪

汕头大学出版社

图书在版编目（CIP）数据

冰川：千万年厚厚积雪 / 谢登华编著. -- 汕头：
汕头大学出版社，2015.3（2020.1重印）
（学科学魅力大探索 / 周丽霞主编）
ISBN 978-7-5658-1727-4

Ⅰ．①冰… Ⅱ．①谢… Ⅲ．①冰川－世界－青少年读
物 Ⅳ．①P343.6-49

中国版本图书馆CIP数据核字(2015)第028217号

冰川：千万年厚厚积雪　　BINGCHUAN：QIANWANNIAN HOUHOU JIXUE

编　　著：谢登华
丛书主编：周丽霞
责任编辑：邹　峰
封面设计：大华文苑
责任技编：黄东生
出版发行：汕头大学出版社
　　　　　广东省汕头市大学路243号汕头大学校园内　邮政编码：515063
电　　话：0754-82904613
印　　刷：三河市燕春印务有限公司
开　　本：700mm×1000mm　1/16
印　　张：7
字　　数：50千字
版　　次：2015年3月第1版
印　　次：2020年1月第2次印刷
定　　价：29.80元
ISBN 978-7-5658-1727-4

前言

　　科学是人类进步的第一推动力，而科学知识的学习则是实现这一推动的必由之路。在新的时代，社会的进步、科技的发展、人们生活水平的不断提高，为我们青少年的科学素质培养提供了新的契机。抓住这个契机，大力推广科学知识，传播科学精神，提高青少年的科学水平，是我们全社会的重要课题。

　　科学教育与学习，能够让广大青少年树立这样一个牢固的信念：科学总是在寻求、发现和了解世界的新现象，研究和掌握新规律，它是创造性的，它又是在不懈地追求真理，需要我们不断地努力探索。在未知的及已知的领域重新发现，才能创造崭新的天地，才能不断推进人类文明向前发展，才能从必然王国走向自由王国。

　　但是，我们生存世界的奥秘，几乎是无穷无尽，从太空到地球，从宇宙到海洋，真是无奇不有，怪事迭起，奥妙无穷，神秘莫测，许许多多的难解之谜简直不可思议，使我们对自己的生命现象和生存环境捉摸不透。破解这些谜团，有助于我们人类社会向更高层次不断迈进。

其实，宇宙世界的丰富多彩与无限魅力就在于那许许多多的难解之谜，使我们不得不密切关注和发出疑问。我们总是不断去认识它、探索它。虽然今天科学技术的发展日新月异，达到了很高程度，但对于那些奥秘还是难以圆满解答。尽管经过许许多多科学先驱不断奋斗，一个个奥秘不断解开，并推进了科学技术大发展，但随之又发现了许多新的奥秘，又不得不向新的问题发起挑战。

宇宙世界是无限的，科学探索也是无限的，我们只有不断拓展更加广阔的生存空间，破解更多奥秘现象，才能使之造福于我们人类，人类社会才能不断获得发展。

为了普及科学知识，激励广大青少年认识和探索宇宙世界的无穷奥妙，根据最新研究成果，特别编辑了这套《学科学魅力大探索》，主要包括真相研究、破译密码、科学成果、科技历史、地理发现等内容，具有很强系统性、科学性、可读性和新奇性。

本套作品知识全面、内容精炼、图文并茂，形象生动，能够培养我们的科学兴趣和爱好，达到普及科学知识的目的，具有很强的可读性、启发性和知识性，是我们广大青少年读者了解科技、增长知识、开阔视野、提高素质、激发探索和启迪智慧的良好科普读物。

目 录

世界上最长的冰川

兰伯特冰川小档案

地理位置：南极大陆

发现时间：1956年至1957年由一批澳大利亚飞行员发现

重要数据：长400千米、宽64千米、最大深度为2500米，是世界上最大最长的冰川。

虽然缓慢但移动量巨大

兰伯特冰川凝聚了南极大陆冰盖1/5的水量，如果推断一下这些数据，便可知道地球上约12％的淡水都流经兰伯特冰川。要领悟这一大得惊人的数字几乎就和站在这一冰雪世界中鉴别冰川一样困难。由于兰伯特冰川的规模是如此之大，所以公众对于阿尔卑斯或喜马拉雅的冰川从山上像河流一样向下流的印象不适用于兰伯特冰川，一幅卫星影像图是足以看出冰川并认识冰川的最佳选择。

冰川流动很缓慢。世界上流动最快的冰川是格陵兰雅各布港的艾斯布雷冰川，每年流动7千米，而兰伯特冰川约以每年0.23千米的速度滑过查尔斯王子山，最后在阿梅里冰峰区加速到每年1千米，虽然它不是一条快速移动的冰川，但却是一条移动量巨大的冰川，每年约有35立方千米的冰通过兰伯特冰川。

当从飞机上空高处观看时，这条冰川的表面留下了流线状的痕迹——天然冰垄，就像在一幅全景油画布上用油彩画一幅超大油画时留下的刷痕一样，指明了冰川的流向。

在冰川表面，冰脊是难以察觉的，但是它们可能明显地呈现为梯形排列的裂隙带。这些裂隙带是因冰川内部流速不同而形成的，但是另一些裂隙也可能是不规则的冰川底部或沿途遇到的障碍物造成的。

假如这样，冰面坡度的骤变可能形成一个混乱的冰裂隙区，它被称作冰瀑，相当于河流中的瀑布。当冰川流入阿梅里冰架时，冰川被迫环绕吉洛克岛流动，于是就在岛的下方形成了裂隙，有些裂隙宽达402米，最长达402千米，实际上，比阿尔卑山的某些冰川还要大。

这些巨大的冰裂隙或冰裂谷以覆雪为桥，对于路经该处的旅游者来说前程令人胆怯。然而，不管冰裂隙有多大，但却都能相当安全地通过，因为一台拖拉机的附加重量和支撑雪桥的重量相比总是微不足道的。

1955年~1958年，维维安·富克斯爵士曾横越南极探险，当他离开南极时遇到了类似的裂隙，据报道他驾驶拖拉机顺坡而下，直达雪桥，然而又直上另一坡。主要的危险来自雪桥边缘的小裂隙。在其他地方作冰川旅行时，可能会被直截了当地提示，小心避开已知冰裂隙区。就像非洲河流对非洲大陆的早期探险家们那样，南极洲的冰川也经常为探险家提供深入内陆的明显路线。沙克尔顿发现了比尔德莫尔冰川，它提供了从罗斯冰架进入极地高原的一条径直向南的路线；斯科特和他的四个同伴在共赴极地的艰苦跋涉时，走的是同样的路线。

冰川下的世界最深淡水湖

关于南极冰川下湖泊的存在是上个世纪70年代通过机载雷达探通技术预测出的，而最大的冰川——兰伯特冰川下的沃斯托克湖到1996年才被发现。

南极的沃斯托克湖又称东方湖，是全世界最大的冰下湖，面积达14000平方千米，被封存在南极冰盖之下约4000米处，与世隔绝。它是南极洲冰川下150个湖之一，深度可达800米，类似西伯利亚贝加尔湖或北美洲安大略湖。科学家估计，浑然天成的环境使该湖可能约有1500多万年都未曾改变，这意味着其中可能孕育着独立进化的微生物。

一项令人吃惊的发现表明，沃斯托克湖冰芯含有由冰川下的水冷却而形成的数米长的冰。这里是世界上温度最低地方，1983年7月21日，在南极洲的沃斯托克记录下低温零下89.2℃。那比正常室温低100℃！

南极洲的沃斯托克湖是地球上目前所知最深的淡水湖，这个至少3000万年历史的湖泊是太阳系其他星球的冰封海洋的一个样品，有科学家认为沃斯托克湖可能拥有一些从未发现过的生命形式，但科学界现时的看法是，由于沃斯托克湖过于远离面层影响，除了最原始的微生物之外，不可能有其他东西。

第25届《南极条约》协商国会议上，决定停止在南极洲的沃斯托克湖进行冰下钻探，因为那里有可能存在着地球其他地区已经绝迹的几百万年前的微生物。目前，《南极条约》已经有43个成员国。中国不仅是成员国，而且还是26个条约协商国之一。

延 伸 阅 读

冰瀑是由于天气寒冷，水流到低于零摄氏度的地表后与岩石冻结而形成的。气温骤降时，夏日里泉水叮咚的山谷中，却点缀着一条条银装素裹的冰柱，往日流水潺潺的河溪凝结成洁白的"玉带"在山间舞动，更有宽阔的巨型冰瀑高悬在崖壁之上，让人感叹大自然的鬼斧神工。

世界上最北端的冰川

彼得曼冰山小档案

地理位置：格陵兰岛

重要数据：位于北纬81度、西经61度附近，据北极点约有1000千米。从格陵兰西北方开始至内尔斯海峡东岸为止，是世界上最北端的冰川。

走近彼得曼冰川

彼得曼冰川由陆地流向大海，冰川底部与海水最初接触的位置被称为"接地线"。从接地线到前缘，彼得曼冰川延伸70千米，厚度也从最初的600米逐渐减少到十几米。换句话说，这70千米长的冰面是浮在海水上的，形成所谓冰架。

在船上看去，彼得曼冰川是一条白线，从卫星图片上看，彼得曼冰川是一条白色的条带；但是，当从直升机上看，或是踏上冰川的时候，它的复杂结构和起伏便会立即打破脑海中冰川缺乏个性的固有印象。

冰川的表面并不是滑雪场或溜冰场，它表面的起伏就像公园里的人造小山，行走其间，是需要花费一点力气的。有所不同的是，冰川的"山脊"往往更为锋利，几乎只够一个人在上面行走

通过。

在这些起伏之间，点缀着大小不一、形状十分不规则的小水洼。这些小水洼呈现出浅蓝色，底部往往有黑色物质。在水洼旁边，也常常能看到直径三四十厘米的圆柱形水坑，这些水坑往往有半米深，但也有比较浅的。也可能看到冰面刚刚开始呈放射状破裂，这是水坑形成的前兆。水坑底部也都沉积着黑色物质。与水洼的黑色物质相同，这些像泥土一样的物质是一种混合物，它包含了来自两侧岩壁的尘土、大气中带来的人类燃烧物，以及从太空中坠入地球的陨星物质。对于患有密集物体恐惧症的人来说，从直升机上俯瞰冰面，也许会是一种带来不快的事情。因为从高处看去，冰面上的水洼实在太密集，简直快要赶上鳞片了。

水洼与水洼之间可能会有溪流连接，走在溪流边上，只能听到三种声音：风声、流水声和脚步踩压冰面的嘎吱声。但冰面实际上是十分结实的，走过时脚并不会陷下去，只会留下浅浅的鞋印。在彼得曼前缘，冰的厚度达到了10米以上，科学家们在工作中经常会把直升机停上去。

彼得曼冰川释放的"冰岛"

2005年，加拿大埃尔斯米尔岛北部的一个冰架断裂，释放出一个66平方千米的"冰岛"。在过去的几年里，北极的冰川已经多次释放出"冰岛"。"冰岛"向着波弗特海移动。波弗特海位于美国阿拉斯加东北和加拿大北极群岛西北部的北面，是石油开采的重要海域。"冰岛"的出现对石油平台构成了威胁。但好在这个大冰块在2007年8月走进了海岛的一个死胡同，在那里停了下来。科学家希望它一直在那里融化殆尽——这可能需要数十年的时间。埃尔斯米尔岛一共又失去了200平方千米的冰，包括加拿大五个北极冰架之一完全断裂，飘入北冰洋。同样是在2007年夏天，彼得曼冰川断裂出了一个29平方千米的"冰岛"。这座"冰岛"顺着格陵兰和埃尔斯米尔

岛之间的奈尔斯海峡南下，对海上的船只和石油平台都形成潜在的威胁。

　　这座"冰岛"被命名为"彼得曼冰岛"。为了应对它的威胁，加拿大科学家在岛上安装了GPS，用于随时追踪"冰岛"的移动情况。当时，它的质量已经减少了大约25%　——它最初的质量有10亿吨。它漂移的里程达到了2000千米，此时它已经失去了大约一半的质量，面积减小到12平方千米，但仍在加拿大海域威胁着过往船只。让杰森等人担心的是，同一个冰川现在正在制造面积数倍于彼得曼冰岛的新"冰岛"。这座庞大的新"冰岛"的面积将达到100平方千米。目前看来，彼得曼冰川接下来可能会断裂出5座"冰岛"。

延　伸　阅　读

　　北极点，即指地球自转轴与固体地球表面的交点。若站在极点之上，你的前后左右，都是朝着南方。你只需原地转一圈，便可自豪地宣称自己已经"环球一周"。另外，在极点之上，由于地球所有经线都收拢到了一点，也没有时区之差。

世界上最大的山谷冰川

比尔德莫尔冰川小档案

地理位置：南极大陆的中部

重要数据：比尔德莫尔冰川位于南极大陆的中部，长达200千米，宽40千米，是世界上最大的山谷冰川之一。

落入罗斯陆缘冰的"冰川瀑布"

比尔德莫尔冰川是东南极洲大地垒山地中的外流冰川。源于多米宁山脉。从海拔2100米的谷地流出，宽约19千米，长约160千米。以冰瀑布形式落入罗斯陆缘冰。

陆缘冰一般是指位于南极大陆边缘、与大陆相连的浮动冰层，通常在由冰河流入海洋过程中形成。陆缘冰本身的解体融化对海平面不会产生直接影响，但随着它的解体，原先受其保护的冰河等往往会加速融化，这不仅会导致海平面上升，还可能对洋流循环和气候变化产生影响。因此，科学家们一直很关注陆缘冰的命运。

过去10年中，南极东部的拉森陆缘冰两次出现大面积的突然解体，让科学家们颇感困惑。由英国和阿根廷科学家组成的一个小组最新研究认为，这一现象可能与拉森陆缘冰之下的海水变暖有关。

1995年和2002年，拉森陆缘冰北部两块面积分别相当于卢森堡领土大小的区域分别解体，形成冰山。两次解体均在几个星期内完成，比南极陆缘冰通常的变化速度快得多。

早先一种比较流行的解释认为，这可能是因为南极地区气温上升导致了更多冰雪融化，融水渗入陆缘冰后加快了裂缝的形成和最后的解体。

罗斯陆缘冰是南极洲最大的陆缘冰。在罗斯海南部，南达南纬85°以南，北达南纬78°。长、宽各约640千米以上，面积53.85万平方千米。大部分浮在大陆架上，冰厚约200米，流速平均每年1240米。表面除局部有裂缝和压力脊外，大半平滑，便于雪橇通行，临海的前缘形成壁立的冰障。1841年英国人罗斯首先到达。

南极洲曾经有过温暖的气候

比尔德莫尔冰川是南极洲中部的冰川。从南极高原下降约2200米至罗斯陆缘冰，将横贯南极洲的山地分隔成毛德皇后山和亚历山德拉皇后岭。

毛德皇后山位于南极洲中部，为南极洲横贯山地的一段。从罗斯陆缘冰顶部向东南延伸800千米。1911年为挪威探险家阿蒙森发现，以挪威皇后之名命名。这里地势崎岖，散布有冰川，有数座山峰海拔超过4000米，并且蕴藏有大量的煤。

亚历山德拉皇后岭是南极大陆的主要山脉。其中柯克帕特里

克山高达4528米，位于罗斯陆缘冰西缘的罗斯属地，耸立在干谷与南极山脉的毛德皇后山脉之间，比尔德莫尔冰川将其与毛德皇后山脉分开。

该山脉有准平原区，覆盖有14层玄武熔岩流平层的弗拉山就位于该山脉中。以英国亚历山德拉王后命名。

1908年和1911年英国探险家沙克尔顿和史考特先后在去南极的途中发现了比尔德莫尔冰川，并冠以其资助者之名。在以后的科学考察中，科学家们发现冰川含有石化木、蕨类植物和珊瑚的化石。这是南极洲一度有过温暖气候的证据。

延 伸 阅 读

1978年，日本勇敢的单身探险家植村独自驾着狗拉雪橇，完成了人类历史上第一次一个人单独到达北极点的艰难旅程。他是到目前为止，唯一的只身到达北极点的亚洲人。

1979年，一个前苏联探险队，第一次靠滑雪从冰面上到达了北极点。

1993年4月8日，一位名叫李乐诗的香港女士，第一次代表占世界人口1/5的中华民族乘飞机到达北极点，迎着狂风展开了一面五星红旗。

世界最大的中低纬度冰川

普若岗日冰原小档案

地理位置：位于西藏那曲地区，海拔在6000米至6800米之间

发现时间：1999年被中美科学家首次发现

重要数据：普若岗日冰原面积400多平方千米，是世界上最大的中低纬度冰川，并被确认为世界上除南极、北极以外的第三大冰川。

世界最大的中低纬度冰川

普若岗日冰原被确认为迄今为止世界上除极地地区以外最大的冰川，也是世界上最大的中低纬度冰川。普若岗日冰原的发现填补了我国冰川类型方面的一个空白。普若岗日冰原表面平坦，呈西北东南方向条形分布。

实际上是一个由许多大小不等、地势平缓、相互连接的冰帽构成的冰原。冰原向四周山谷放射溢出50多条长短不等的冰舌，最低处海拔5350米。

这里冰川与湖泊、沙漠伴生，景观奇特。在冰原周围出现沙漠已属世界罕见的了，而围绕普若岗日大冰原的沙漠从远处一直延续到冰原的脚下，近旁再有湖泊分布，这里冰川套沙漠、沙漠连湖泊、湖泊绕冰川，是世界上唯一存在冰川、湖泊、沙漠三景同现的地方了。

普若岗日是藏北高原最大的由数个冰帽型冰川组合成的大冰原。冰川覆盖面积42258平方千米，冰储量为525153立方千米。冰川雪线海拔5620米~5860米。

冰原呈辐射状向周围微切割的宽浅山谷溢出50多条长短不等的冰舌，最大的可伸至山麓地带，形成宽尾状冰舌。在一些下伸较低的冰舌段，形成有许多冰塔林，以雄伟壮观的连座冰塔林和锥形冰塔林为主。在东南部一些冰舌段锥形冰塔林的上部，分布着奇特的新月形雪冰丘和链状排列有序的雪冰丘。

小冰期以来，普若岗日的冰川呈退缩趋势。环绕冰舌分布的冰碛序列，在北部和东南部普遍可区分出3道。对比研究认为，分别属于小冰期3次寒冷期冰进的遗迹。而西部小冰期冰川作用的范围较小。

　　按小冰期最盛时的规模量测当时的冰川面积，和现在相比该时段内冰川面积减少了2420平方千米，当时冰川面积比现在大57%，由此引起的冰川资源的减少为36583立方千米，相当于$36583×10^8$立方米的水量。

首次发现冰川的腐蚀作用

　　普若岗日冰原考察队在海拔6000米的一条冰舌前发现了一种独特的冰川作用过程——磨蚀作用，这在中国乃至全球中低纬度地区还是首次发现。所谓磨蚀作用，是指冰川运动通过山谷时，把冰下底床的积岩积压、磨光的现象。

　　世界山地冰川权威姚檀栋研究员和汤姆森教授根据卫星照片在普若岗日东南方向找到了冰原最大的一条冰舌。这条从冰原伸出的大冰舌约长两千米，海拔接近6000米，周边呈梯田状。

　　在考察中，两名科学家一起登上冰舌以东海拔6200米左右的山顶，俯瞰了冰舌全貌。令两名科学家感到惊异的是，这座冰舌前冰川的退缩痕迹非常独特。冰舌前五、六千米范围内都基本是小颗粒的沙石。

姚檀栋研究员说，世界中低纬度地区大都是山谷冰川，由于地下地形起伏较大，冰川向下的作用力会搬运出许多巨大的石块堆积在冰川边缘，冰川学上形象地称作"刨蚀"作用。

而普若岗日发现的冰川运动过程叫做"磨蚀"作用，是因为冰下地形相对平坦冰川的水平作用把岩石研磨成细小颗粒。这种现象只出现在南极和北极大冰盖边缘，在中国和其他中低纬度地区至今还是首次发现。在这种地区发现这种特殊的冰川堆积过程，对于青藏高原的环境演变的研究会有新的突破。

延伸阅读

冰川学界根据冰川的规模，将冰川分为冰盖、冰原和山谷冰川等类型。其中，最大的冰川，比如覆盖着南北两极大陆的成百万、上千万平方千米的冰川被称作"冰盖"；规模次于冰盖，成百、上千平方千米的冰川被称作"冰原"。

正在消融的"亚洲水塔"

喜马拉雅冰川小档案

地理位置：位于中国与印度、尼泊尔的交界线上

重要数据：冰川面积3.23万平方千米，平均年融水量约360亿立方米，是除极地冰盖以外全球第二大的冰川聚集地。

随着气候变暖，喜马拉雅山脉高处的冰川正在以超出预想的速度融化，这将使得生活在南亚的近10亿人面临着失去水源供应的危

险。作为印度河和雅鲁藏布江两大河流的源头，人们认为喜马拉雅山脉高处的冰川融化的速度也和其他地方一样在不断加快。

失去"亚洲水塔" 噩梦的诞生

喜马拉雅山脉——青藏高原上的冰川，有"亚洲水塔"之称。但是在地球变暖的作用下，它们正在加速消融，由此将带来一系列的灾难。

青藏高原的气候具有全球独一无二的特征：大气洁净、空气稀薄、气温低以及辐射强烈等，这些特征也决定了高原生态稀有、脆弱的特点。科学家发现，神秘而脆弱的青藏高原是气候变化的敏感区，并且具有超前性。也就是说，别的地方还没有变化时，那里已经有了反应。世界自然基金会因此将该地区确定为"全球生物多样性保护"最优先地区。

该地区大约有2.43万条冰川，冰川面积3.23万平方千米，平均年融水量约360亿立方米，是除极地冰盖以外全球第二大的冰川聚集地。该地区孕育了黄河、长江、恒河、湄公河、印度河、萨尔温江和伊洛瓦底江等七条亚洲的重要河流，因此被称为"亚洲水塔"。

然而随着气候变暖，喜马拉雅冰川融化加速，已导致这一带气候异常，自然灾害多发，包括冰川湖泊面积迅速扩大、季风季节时间改变以及干旱少雨、森林火灾增多等，甚至还有许多我们尚无法预知的后果，直接威胁着山脚下世代生活的各族人民。当人们行走在大吉岭山间公路上，遥望不远处锡金一带的雪山时，不得不担心有一天它们不再是白雪皑皑。而事实上，气候变化已经影响到了整个喜马拉雅山地区，不论是在南麓的印度和尼泊尔，还是在一山之隔的中国。

喜马拉雅冰川加速消融，造成河流的季节性洪水和总体径流量减少，将直接影响淡水资源的供给，特别是在干旱季节，生活在七大河流域内的大约13亿人口（当中九亿在中国和印度）都可能面临水资源不稳定，甚至短缺的危险。而冰川退缩，

湖泊萎缩，冻土退化，土壤含水量减少，加之过度放牧等人为因素，也会导致草场退化，鼠害增多，土地沙漠化，河源生态环境逐步恶化，影响水源。

喜马拉雅冰川消融将危及5亿印度人饮水

在过去的40年中，喜马拉雅山脉的巨大冰川已经缩减了1/5。一个由印度地质学家和遥感专家组成的研究小组日前公布了一项令人担忧的研究结果：如果这种状况继续发展，将危及超过5亿印度人的淡水供给。

研究人员将这一地区现有最老的冰川图（印度测量局于1962年发布）与印度遥感卫星于最近获得的数据进行了对比。发现这

些冰川的面积从1962年的2077平方千米下降到当前的1628平方千米，即缩小了大约21%。与此同时，由于冰川破裂，反而使冰川数量呈上升趋势。冰原和其他一些小冰川则表现出更为明显的消退迹象。

例如，从1962年至今，有127个小冰川和冰原已经缩小了38%，其面积分别不足1平方千米。冰川破裂、小冰川的迅速缩小以及气候变化都将对喜马拉雅冰川的稳定产生巨大影响。

总体来看，大型的喜马拉雅冰川还将存在相当长的时间，这是由于这些山脉的海拔高度所致。西风和季候风将为山脉顶部带来持续的积雪。但是来自低地的季候风一旦开始减弱，这些冰川将出现戏剧性的消退。

现在，小冰川的缩小已经使该地区的灌溉用水受到了影响，最明显的区域位于阿富汗兴都库什山脉的中央地区。在这里，干

旱对农作物以及人们的生活造成的巨大影响，而这无疑将增加该地区政治的不稳定因素。

"激活"古老病毒

在喜马拉雅冰川上，中国科学家已经用直径6厘米到10厘米的"钻头"打入冰层数百米深。在对取出的冰芯进行分析研究后，科学家惊奇地发现，在这片广袤的极端冰冷世界里，存在着许多鲜为人知的微生物。

有研究报告指出：冰川中的微生物包括病毒、细菌、放线菌、丝状真菌、酵母菌和藻类。其中一些病毒对人类健康具有潜在的危害性。微生物对人类有害的极少，但冰川中存在人类并不了解的未知病毒。

温度升高以后，微生物有些可以复苏，并不能排除变异的可能，因为有些嗜冷微生物存活的机制和常温生存机制不一样。许多微生物是通过风的传播，留在了青藏高原冰川里。同样的，从逐渐融化的冰川里显露的微生物，也会通过风的流动传播和扩散；或者它会进入一条受伤的鱼体内，游向下游，被一只鸟或其他动物捕食，病毒便会扩大种群，在宿主的种群中传染开来。另外，人类活动的增加，增加了病毒遗传变异的几率。

科学家担心，随着全球气温的升高，那些冰川中被冷冻保存千年、万年甚至更久的病毒和病菌随时会被释放出来，威胁人类。尽管还不能确定有多少古老病毒会重返现代社会，还不能确定它们中有多少会威胁人类的生存环境和健康，但随着全球气候变暖，这一切肯定将会发生。

延 伸 阅 读

喜马拉雅冰川的融水是长江、雅鲁藏布江、怒江、澜沧江、印度河等主要大河的源泉。在高原面以下，交织着内外流水系。藏北高原以内流水为主，并形成一些以湖盆为中心的向心状水系。在高原的东、南、西外围地区，主要是南北向和东西向的外流水系，水流湍急，蕴藏着丰富的水能资源。

高山上的公园

绒布冰川小档案

地理位置：位于珠穆朗玛峰脚下海拔5300米到6300米的广阔地带

重要数据：绒布冰川全长22.4千米，面积达85.4平方千米。冰舌平均宽1.4千米，平均厚度达120米，最厚处在300米以上。

复式山谷冰川

绒布冰川地处珠穆朗玛峰脚下海拔5300米到6300米的广阔地带，由西绒布冰川和中绒布冰川这两大冰川共同组成。

珠峰地区是中国大陆性冰川的活动中心，面积在10平方千米以上的山岳冰川就有15条，其中

最大，最为著名的是复式山谷冰川——绒布冰川，它全长22.4千米，面积达85.4平方千米。

绒布冰川的冰舌平均宽1.4千米，平均厚度达120米，最厚处在300米以上，是西藏最雄奇的景色之一。这些冰川类型齐全，其上限一般在7260米。冰川的补给主要靠印度洋季风带两大降水带积雪变质形成。

绒布冰川得名于西藏日喀则地区定日县巴松乡南面珠穆朗玛峰下绒布沟。

当地有着名的绒布寺位于绒布沟东西侧的"卓玛"（度母）山顶，距县驻地90千米，海拔5800米，地势高峻寒冷，是世界上海拔最高的寺庙，所以景观绝妙。

绒布寺依山而建，脚下的绒布河是由珠峰北坡的三大冰川——东绒布冰川、中绒布冰川、西绒布冰川部分泉水汇集而成的冰水河流。如同上文中提及的"日喀则"、"巴松乡"、"珠穆朗玛峰"一样，"绒布"当然是藏语的音译了。

冰塔林的世界

珠峰地区纬度低，太阳辐射强，冰川表面的小气候差异，造成冰面差别消融，形成许多奇丽的景色。冰川上有千姿百态、瑰

丽罕见的冰塔林、冰茸、冰桥、冰塔等千奇百怪，美不胜收。又有高达数十米的冰陡崖和步步陷阱的明暗冰裂隙，还有险象环生的冰崩雪崩区。

在5800米左右的冰川上，举目所及，一片洁白。天公造物，神奇无比，令人目不暇接，那宛如古代城堡般的悬岩，层次分明，风化岩石形成的高大石柱、石笋、石剑、石塔，成群结队，风情万种，绵延数千米。

由于景色奇绝，故被登山探险者们誉为世界最大的"高山上的公园"。三条冰川汇集后向北延伸，把巍巍珠峰托起。珠峰就像一座顶天立地的巨型金字塔，顶峰直插云天，极为壮观。

　　凝视珠峰，人们会久久沉浸在那超凡脱俗、雄壮肃穆的气氛之中。冰蘑菇，是大石块被细细的冰柱所支撑，有的可高达5米。冰桥像条晶莹的纽带，连接着两个陡坎，像是有意为两个陡坎"保媒搭线"。冰墙陡峭直立，像座巨大的屏风，让人生畏。冰芽、冰针则作为奇异美景的点缀，处处可见。

最令人称奇的还要数那千姿百态的冰塔林了。在海拔5700米到6300米的地段，是"水晶宝塔"——冰塔林的世界。

珠峰北坡绒布冰川上，发育有5.5千米长的冰塔林带。乳白色的冰塔拔地而起，一座接一座，高达数十米。有的像威严的金字塔；有的像肃穆的古刹钟楼；有的像锋利的宝剑，直刺云天；有的像温顺的长颈鹿在安详漫步，个个晶莹夺目。难怪人们都说，进了冰塔林，就如同自己置身于上苍的仙境中了。

延 伸 阅 读

冰碛湖的形成是气候变化的结果，距今200万年前的第四纪，山坡和沟谷里的冰川挟着砾石，循着山谷缓慢下移，强烈地挫磨刨蚀着冰床，形成了多种冰蚀地形。气候转暖后，冰川逐渐退缩，就形成了冰碛湖。近年来的观测发现，绒布冰川消融区扩大，消融增强，冰川快速退缩形成了大量的冰碛湖，而且冰碛湖形成的趋势正在向上游扩大。

中国最厚的山谷冰川

纳木那尼冰川小档案

地理位置：位于中国西藏自治区

重要数据：纳木那尼冰川长度超过10千米，最宽处超过3千米，单一冰川总面积超过10平方千米，而冰川的最大厚度超过

200米，是我国目前已测到的最厚的山谷冰川，也是世界低纬度地区罕见的大型山谷冰川。

"圣母之山"的冰川世界

海拔7694米的纳木那尼是西喜马拉雅山的最高峰，藏语意为"圣母之山"，在它的6条山脊两侧分布着大量的冰川群，其中被称为纳木那尼冰川的主冰川位于东北山脊的山谷中。

纳木那尼冰川为南北走向，走势平缓，分为南坡和北坡两个部分，冰川末端的冰舌上分布着大量的冰塔林和冰瀑布。

测量结果显示，纳木那尼冰川长度超过10千米，最宽处超过3千米，单一冰川总面积超过10平方千米，而冰川的最大厚度超过200米。

纳木那尼峰方圆约200平方千米，主要有6条山脊；山脊线上有数10座6000米以上的山头，高低错落。西面的山脊成扇状由北向南排列，东面唯一的山脊被侵蚀成刃脊，十分陡峭，形成了高差近20多米的峭壁。

相比而言，西面的坡度则较为和缓，峡谷中倾泻着5条巨大的冰川，冰面上布满了冰裂隙和冰陡崖。

为什么纳木那尼能够形成如此巨大的山谷冰川？这与纳木那尼冰川所处的地理环境和自然条件有着密切的关系：虽然处于低纬度地区，冰川雪线已经达到5800米~6000米之间，但是纳木那尼的海拔高度是7694米，有着形成大冰川的基础。

在造山运动中，纳木那尼的东北山脊中又形成了面积较大、比较平缓的山谷平台，这又为大冰川的形成创造了重要的条件。

提取纳木那尼冰川的冰芯样品

2004年，中美西藏联合冰川科考队在纳木那尼冰川的科考行动有了新发现，根据雷达多次测定的结果显示，纳木那尼冰川的厚度超过200米，是我国目前已测到的最厚的山谷冰川，也是世界低纬度地区罕见的大型山谷冰川。科考队员们成功钻取了6米的冰芯样品。为了准确测量纳木那尼冰川的厚度和面积，科考队员们背负着雷达等测量仪器，经过了近7个小时的艰苦跋涉，才从设在海拔5600米的大本营抵达了海拔6100米的纳木那尼冰川。

对纳木那尼冰川提取冰芯样品是此次科考的重点工作之一。冰芯的钻取为进一步揭开纳木那尼冰川所记录的历史环境和气候信息创造了条件。作为记录地球环境变化的重要载体，冰芯以其

保真性好、分辨率高、记录序列长和信息量大，受到世界科学家们的青睐。

所有在大气中循环的物质都会随大气环流而抵达冰川上空，并沉降在冰雪表面，最终形成冰芯记录。冰芯分析的每一个参数都至少载有一个地球系统变化过程的信息。冰芯中氢、氧同位素比率是度量气温高低的指标；净积累速率是降水量大小的指标；冰芯气泡中的气体成分和含量可以揭示大气成分的演化历史；冰芯中微粒含量和各种化学物质成分的分析结果，可以提供不同时期的大气气溶胶、沙漠演化、植被演替、生物活动、大气环流强度、火山活动等信息。

冰芯的钻取工作是2004年8月30日上午8点开始的。冰川上清晨格外寒冷，温度在0℃以下，8名科考队员带着近30千克的手摇钻设备，从工作营地向冰川表面进发。

经过测定，选择好打钻点后，科考队员们立刻展开了工作。手摇钻是靠人力向下钻取冰芯，由于纳木那尼冰川主要由实冰组成，上面只有一层薄薄的积雪，因此向下钻动冰芯就非常吃力，半个小时只能进展20厘米左右，十分消耗体力。到下午7点左右，6米多长的冰芯共68个样品的采集工作终于完成了。

神秘的纳木那尼冰川会不会消失

科考观测到的一些现象证明了纳木那尼冰川正在强烈退缩。在纳木那尼主冰川的周围，科考队发现了许多不连续的冰堆，这些冰堆以前是和主冰川连在一起的，而现在则是一个个孤独地挺立着。

纳木那尼主冰川表面虽然看起来十分平坦，但是队员们在冰川上行走时，却经常陷入坑中，这些坑深的超过1米，浅的也有二三十厘米。这些坑都是融坑，是冰融化后形成的。现场监测结果表明，主冰川表面的冰雪下实际上掩盖了数量众多的大小不

一、形状不规则的融坑，这也是冰川融化强烈的表现。

经过连续多年的跟踪研究，考察队发现了一个惊人的事实，近几十年来，纳木那尼冰川表面整体上几乎没有积累，而是在不停地消融，过去两年冰川厚度降低了1.4米。换句话说，纳木那尼冰川正在加速消失。

对于这种状况，科学家十分担忧："冰川的退缩在短期内，会使西部广大地区的河流水量明显增加，但是长此以往，冰川平衡的打破会带来难以估量的生态灾难。高亚洲冰川的全面退缩，会导致冰川储量的巨额透支。估计到2100年，大部分冰川将逐渐消亡，到那时，一些冰川下游的河流也将干涸。"

神秘的纳木那尼，真的会消失吗？希望永远不会有那一天。

延 伸 阅 读

"冰芯"一般深藏在大块冰的内部，很稀有。冰川学家在研究南极大陆冰盖的年龄及其形成的历史过程时，发现从冰川的冰芯样品中，不仅能测定冰川的年龄及其形成过程，还可以得到相应历史年代的气温和降水资料，以及相应年代的二氧化碳等大气化学成分含量，从而开辟了恢复古气候和古环境的新的道路。

"火盆"里的冰川

明永冰川小档案

地理位置：位于云南迪庆香格里拉

重要数据：明永冰川不仅是中国海拔高度最低的冰川、中国境内最南端的冰川，同时也是世界罕见的低纬度、低海拔季风海洋性现代冰川。高峰与冰川末端的高差达4080米左右，雪线以上山体宽1千米~3千米，超过海拔6000米的高峰3座，海拔5000多米的高峰超过5座。

神山下的奇观

梅里雪山上，冰斗、冰川随处可见，最有名的要数明永冰川。明永冰川（又称奶诺戈汝冰川），位于云南迪庆香格里拉，是卡瓦格博峰下其中一条长长的冰川，这是一条低纬度热带季风海洋性现代冰川，山顶冰雪终年不化。

由于它所处的雪线低，气温高，消融快，靠降水而生存，因而它的运动速度也快。到冬天，它的冰舌可以从海拔5500米往下延伸到海拔2800米处，从高高的雪峰一直延伸到山下，直扑澜沧江边，离澜沧江面仅800多米。

明永冰川之所以成为云南省最大、最长和末端海拔最低的山

谷冰川，主要是它具有巨大的山体，高峰与冰川末端的高差达
4080米左右，雪线以上山体宽1000米~3000米，超过海拔6000米
的高峰3座，海拔5000多米的高峰超过5座。

高峰区气温低，推算卡格薄峰的年平均气温达-19.2℃，雪线
海拔4800米~5200米处的年平均气温约-3℃~5.6℃，年降水量约
1500毫米加之粒雪盆后壁的雪崩补给，有丰富的冰雪积累，估计
粒雪盆的冰雪厚达200米~300米，大量冰雪溢出粒雪盆沿陡坡而
下，形成具有两级巨大冰瀑布的山谷冰川，是横断山脉除位于贡
嘎山长13.6千米的海螺沟冰川之后的第2条最长的山谷冰川。

明永冰川粒雪盆长大宽平，其北部有两个大的积雪洼地，冰
雪除流入大粒雪盆外，最北面的积雪洼地中的部分冰雪还溢过东
侧山岭鞍部，形成一个悬垂于陡坡上部的悬冰川。大粒雪盆后壁

陡峭，有许多雪崩沟槽和雪崩锥。粒雪盆南部，是一个狭长形的雪冰走廊，大量冰雪来自主峰南侧的坡面积雪和主峰东南小冰帽西北坡的冰雪。

整个大粒雪盆南北延伸约5千米，东西宽约3千米，呈一个巨大的冰雪凹地。夏季晴天，冰雪融水汇集成湖，据村长大扎西介绍，湖的直径约50米，湖水呈蓝黑色，深浅莫测，夜晚复又冻结，是横断山区少见的粒雪盆奇观。

身披银鳞的玉甲长龙

梅里雪山中段的卡格薄峰，为云南省的最高峰。它形如一个巨大的金字塔，突起在群峰之上，居太子十三峰之首，也是滇藏川青甘藏族人民心目中的神山。该峰东坡明永河源的明永冰川，长11.7千米，面积约13平方千米。

梅里雪山的雪线位于海拔4800米～5200米在粒雪盆以下，明永冰川形成多级冰瀑布和冰台阶，好似身披银鳞玉甲的长龙，绕行于莽莽原始森林之中，末端海拔约2660米（据高度表计算）。冰川融水从70多米高的大冰崖下的冰洞中涌出，经明永村东流入澜沧江，这是横断山区冰舌末端海拔最低的海洋性冰川，也是云南省最大、最长的温冰川。

卡格薄峰高出粒雪盆1940米，壁立千仞，雪崩频繁，明永冰川上的冰瀑布裂隙满布、冰壁和冰柱经常崩塌，成为登山探险者跨越冰川、攀登峰顶的极大障碍。因此，卡格薄峰迄今仍是一座未被人类征服的"处女峰"。

早在1902年，英国派出的一支登山探险队首次登山失败。后

来，美国、日本、中日
联合等4支登山队，接连
4次大规模登山活动均以
失败而告终。

其中，1991年中日
联合登山队登山期间，
山上下起了百年不遇的
大雪，1月3日，在海拔
5800米的地段发生大雪
崩，17名队员，在海拔
5300米的第3号营地的睡
梦中被雪崩埋没，直到
1998年7月18日，明永村
有三名藏民上山采药，
在冰川中部海拔3800处发现10具人体遗骸和一些散乱骨骸以及登
山用品。

经有关部门组成联合调查组到现场验证，确认为1991年1月3
日在梅里雪山南侧遇难的17名中日登山队员的部分骨骸及登山用
具。事隔8年，冰川远离事故地点3号营地4千米多，沿途冰崖纵横
阻挡，骨骸竟能下移，后来又多次在冰川上发现其他遗骸，真是
奇迹！

香火旺盛的太子庙

沿冰川冲刷的纵谷向上攀行，一路上古柏森森，巨石峥嵘，玛

尼堆上佛幡飘扬，五色间杂，气氛肃穆。途中有太子庙传说为纪念宁玛派祖师朝拜圣山而建，可惜已毁于"文革"，今虽复修，但难现昔日风貌。太子庙藏语称"乃弄"，包括上寺"归堆"（莲花寺）和下寺"归美"，故太子庙又有"归美寺"之称。

太子庙为朝拜神山的香客煨桑之地，分"滚堆"（上太子庙）和"滚美"（下太子庙）两部分。太子庙常年香火旺盛，转经者络绎不绝于途。

香客朝山转经时，依照先下寺（滚美）后上寺（滚堆）的顺序转经拜佛。藏民在太子庙转经朝拜后则徒步攀爬圣洁的冰川，他们视此为吉兆。上明永冰川需要借藏民的帮助用骡子等牲口载上去（只能载一程路）。但按本地居民的说法：这是座神山，上冰川朝圣必须步行上山以示心诚。

延 伸 阅 读

明永冰川是中国海拔高度最低的冰川，同时也是最南端的冰川。借助于海拔6740米的梅里雪山迎来的降雪，明永冰川得以拥有一个稳定而丰富的冰源。但在过去4年时间里，这条冰川已经消退了近200米。从整体来看，西藏地区一度巨大的冰川目前正以每年7%的速度逐渐消融。

冰川活化石

天山乌鲁木齐河源一号冰川小档案

地理位置：位于乌鲁木齐市区西南120余千米处的天格尔山中

重要数据：海拔3740米~4480米，雪线平均高度为4055米，其周围是2、3、4、5等编号冰川，大小有76条现代冰川，最大的是天格尔峰北坡的一号冰川，它是世界上离大都市最近的冰川。

神话中的"水帘冰洞"

冰川是高山气候的产物。高山雪线以上的降雪量超过冰雪的融化量，积雪不断加厚、增多，形成永久积雪，它们在适宜的盆地或山谷内积聚，通过自身的重压排挤雪层中的空气或经过反复的融冻作用，使粒雪变质成晶莹透明的蔚蓝色冰川冰，由于重力的作用，冰川冰由粒雪盆中缓慢流出，即成冰川。

天山乌鲁木齐河源一号冰川是乌鲁木齐河的源头，位于乌鲁木齐市区西南120余千米处的天格尔山中，海拔3740米~4480米，雪线平均高度为4055米，其周围是2、3、4、5等编号冰川，大小有76条现代冰川，最大的是天格尔峰北坡的一号冰川，它是世界上离大都市最近的冰川。

1959年，中国科学院兰州冰川冻土研究所在此建立了天山冰

川研究站，这是我国唯一的在国际上开放交流的高山冰川研究站。"一号冰川"名字中的"一号"即是由当年的研究编号而来。 一号冰川属双支冰斗——山谷冰川，长2.4千米，平均宽度500米，面积1.85平方千米，最大厚度140米，年均运动速度约5米，底部海拔高度为3740米。

如果有幸置身冰川之中，四周是一片洁白无瑕的寒冬世界，笼罩着神奇的陌生和冰冷的寂静，您将会体会到一种超凡脱俗的境界，仿佛自己已溶于冰清玉洁之中。

冰川内部晶莹蔚蓝，冰面裂隙纵横；金字塔般的角峰，锯齿形的刀脊，弧形的冰川终碛和喧腾的冰川河独具魅力，令人震撼。在冰舌前，科研工作者凿成的80余米长的大冰洞，如童话中白雪公主的银殿。洞口水珠涓滴而下，令人联想到神话传说中"水帘冰洞"。四周山崖上，旱獭欢跳，雪莲竞放，一派生机盎然的景象。

正在退化的"冰川活化石"

天山乌鲁木齐河源一号冰川形成于第三冰川纪，距今已有480万年的历史了。由于现代冰川类集中，冰川地貌和沉积物非常典型，古冰川遗迹保存完整清晰，所以一号冰川有"冰川活化石"

之誉，成为我国观测研究现代冰川和古冰川遗迹的最佳地点。这里冰川冲积地貌非常明显，对于进行地质科学考察旅游的客人，可以从这里探察乌鲁木齐河亿万年间发育的过程。

在天山乌鲁木齐河源一号冰川下面海拔3500米以上，可以看到成层的槽谷、岩坎、岩盆、冰斗及状似绵羊脊背的羊背石等冰蚀景观，在海拔2800米以上的谷地保存着各时期的冰川堆积物。整个冰川有各种形状的"呈舌状的冰川前缘"、"金字塔般的角峰"、"弧形的冰川终碛"。

然而，有关天山乌鲁木齐河源一号冰川退化萎缩的信息不断出现。自1962年~2000年间，天山乌鲁木齐河源一号冰川共减少0.22平方千米，亦即11%，其中1992年~2000年这9年间减少的面积为0.10平方千米，接近于1962年~1992年这30年间冰川减少面积的0.12平方千米。

中科院寒区旱区环境与工程研究所的科学家们，在深入分析了天山冰川近50年的冰川区气象、冰雪粒特征、冰川温度、冰川物质平衡、冰川水文、冰川末端位置、冰川面积和冰川厚度等观测资料后发现，天山冰川在表面雪粒特征、成冰带、冰川温度、面积、厚度及末端位置等方面发生了显著变化，而这些变化均与气温升高有着密切的联系。

20世纪80年代以来的快速升温，使天山一号冰川退缩加速，冰川融水径流量也呈加速增大趋势。

专家指出，与冰川面积、厚度及末端变化不同，冰川物质平衡变化是冰川对气候变化更直接的反应。从1997年到现在，天山

一号冰川的负物质平衡已连续8年，并仍在继续，这种情况是前所未有的。

1958年~2004年间，一号冰川平均厚度减薄12米，损失体积达2062万立方米。由此可见，20世纪80年代以来的快速升温，促使乌鲁木齐河源一号冰川融水径流迅速增大。

被污染的圣洁之地

由于雄伟秀丽的天山一号冰川号称"世界上离大都市最近的冰川"，加之通往一号冰川的公路沿途景色优美，因此近年来到此探险、旅游者逐年增多，给作为乌鲁木齐河河源的一号冰川带来了很大的环保压力。不少游客在一号冰川范围内进行旅游活动，原本是生命之源的圣洁之地，如今正在受到人为污染，塑料餐盒、饮料瓶、食品包装袋赫然入目，令人痛心。

随着市场经济的繁荣，水市场的兴起，不少企业家看准了这一时机，以天山冰川为原料的饮料纷纷上市。人工采集大量的冰川水作为饮料上市，势必使冰川失去生态平衡而萎缩。

由于此前众多的游客给一号冰川带来了不小污染，其中白色污染尤为严重；天山冰川站留在一号冰川上的一些科研设备也遭到破坏。乌鲁木齐市政府已作出决定，为保护乌鲁木齐水源地不受污染，禁止游客游览天山一号冰川。

延 伸 阅 读

冰斗是位于雪线附近由雪蚀凹地演化成的斗状基岩冰川侵蚀地貌。山岳冰川常见的冰蚀地貌类型。主要由冰川在凹地中对底部和斗壁进行旋转磨蚀、刻蚀和拔蚀而产生。典型的冰斗由岩盆、岩壁和岩槛组成。底部为岩盆，平面呈半圆形，三面为峭壁相围，出口处有突起的岩槛，常可见羊背石。

中国最东部的冰川

雪宝顶冰川小档案

地理位置：位于阿坝藏族自治州松潘县境内

重要数据：冰川总面积为2.64平方千米，冰川规模比较小，大都是悬冰川，中值高度为4800米~5220米。其中最大的雪宝顶冰川面积为1.20平方千米，为中国最东部的冰川。

藏区苯波教七大神山之一

雪宝顶，海拔5588米。位于东经103.8°，北纬32.7°。坐落在南北延伸的岷山南段，是岷山的最高峰。地处阿坝藏族自治州松潘县境内，为藏区苯波教七大神山之一藏语为"夏旭冬日"，即东方的海螺山，是岷山山脉的主峰。

雪宝顶又写为雪宝鼎，又名雪栏山，虽其高度并不引人注目，但攀登难度较大，其东、北两面为悬崖绝壁，岩石嶙峋，坡度达70度以上，西南坡终年积雪，有悬冰垂直到腰部，补给下方的冰斗、冰川，本区还创造了我国冰川发育最东的记录，在约20平方千米的范围内聚集10座海拔5000米以上的高峰，为四川所不多见。

雪宝顶在藏、羌、回、汉多种民族的神话传说中它都异常地神圣。在其周围留存着丰富的古代冰川遗迹。发育成数条规模巨大的现代冰川，并发育了近百个上万平方米的高山湖泊。雪宝顶景区从玉翠山至雪宝顶及褡裢海周围一带，面积30平方千米，分为雪宝顶和褡裢海两个景段，以雪宝顶、现代冰川和褡裢海为主要景观。

"人间瑶池"

雪宝顶主峰为众多高峰簇拥，主峰西南有卫峰玉簪峰，海拔5119米；主峰东南矗立着海拔5359米的四根香峰和5440米的小雪宝顶峰。四峰神态各异。雪宝顶海拔5000米以下地带主要是岩石。往上，与四根香峰之间为一鞍部，坡度约30°。鞍部以上到顶峰坡度约20°的冰雪坡。雪宝顶的西南山脊，海拔5000米以下皆为20°至25°的冰雪坡。西侧由于冰川的切割，形成了毕露的岩石刃脊，山体西北多为裸露岩石和陡崖。

雪宝顶雪线高度约4700米，山峰主体由石炭纪的石灰岩构成。4500米左右为高山草甸地带，4000米以下则是茂密的原始森

林和灌木林。山区盛产雪莲、贝母等名贵药材，森林中还是大熊猫、金丝猴的活动场所。这里高山湖泊众多，且各具情趣。山峰北侧就是黄龙游览区，纵长7.5千米，宽1.5千米，自然景观尤具特色，被誉为"人间瑶池"。

《松潘县志》有诗赞它：雪宝顶山势陡峭，奇峰迭出，终年积雪封顶，如巨塔凌空，峰嵘兀突，蔚为壮观。四周群山拱卫，各展雄奇，有名者如洞日志米山（海拔5319米）、冬日切居山（海拔5026米）、门洞山（海拔5020米）。所跨面积 160平方千米。雪宝顶的4500米以上终年积雪，以下为流石滩，雪莲丛生，再下为深切沟壑，多峭壁陡崖，有现代冰川纹条。

主峰西南坡悬冰川，长达2千米，冰雪宽度为500米。在它的纵横沟壑中有貌似龙、凤、狮、虎的石林，伴生着水晶石矿藏。山脚地带林木秀茂，栖息着青羊、山鹿等珍稀动物。

山上泉水下溢，汇成千多个湖沼，旧有108海之称。湖水湛蓝，随云影天光幻化莫测。 故有"旭日之海"、"玉翠晚照"、"观音洒水"、"水帘洞"、"幻洞日生"等妙景。绕主峰有四海：东南为圆海，西南为方海，西北是半圆海，东北有三角海。圆海如明镜，方海如城池，半圆海如残月一钩，三角海如金塔倒映。

雪宝顶的冰川分布

雪宝顶海拔5000米以下地带主要是岩石。山峰主体由石炭纪的石灰岩构成。主峰西南坡海拔5000米以下悬有冰川，坡度为20°至25°，长达2千米，冰雪宽度为500米。

西侧由于冰川的切割，形成了毕露的岩石刃脊，山体西北坡多为裸露岩石和陡崖。

作为中国现代冰川作用最东部的山峰——雪宝顶，藏语为"夏旭冬日"，海拔5588米，分布着8条冰川，冰川总面积为2.64平方千米，冰川规模比较小，大都是悬冰川，中值高度为4800米~5220米。其中最大的雪宝顶冰川面积为1.20平方千米。

延 伸 阅 读

雪线是指常年积雪的下界，也就是年降雪量与年消融量相等的平衡线。雪线以上年降雪量大于年消融量，降雪逐年加积，形成常年积雪，进而变成粒雪和冰川冰，发育冰川。雪线是一种气候标志线。其分布高度主要决定于气温、降水量和地形条件。高度从低纬向高纬地区降低，反映了气温的影响。

中国海拔最低的冰川

喀纳斯冰川小档案

地理位置：位于新疆阿尔泰山友谊峰

重要数据：长10.8千米，面积30.13平方千米，冰储量3.93立方千米，冰川末端海拔2416米，是中国末端下伸海拔最低的冰川。

喀纳斯冰川的形成

高耸入云、海拔4374米的阿尔泰山主峰——中蒙边境的友谊峰，白雪皑皑，犹如一块光洁的白玉，耸立于群峰之巅。周围的条条冰川，似玉龙飞舞，其中最长的一条，就是长达10余千米的喀纳斯冰川，其融水流过丫形的阿克库勒湖，成为喀纳斯的补水源。

喀纳斯湖是第二次大冰期的巨大山谷冰川刨蚀而成。当时喀纳斯湖冰川长达百余千米，冰川厚度大于二三百米。由于缓慢而稳定的退缩，在喀纳斯湖留下了宽约1千米、高50米~70米的终碛垄，而后即迅速退缩，形成了现在喀纳斯湖的基础。现代冰川和古冰川地貌，发育、保存都相当完好。至今在湖东岸的高陡崖边，还保存着几十米长、布满丁字形冰川擦痕的羊背石，成为历史的见证。

有趣的是在这羊背石上，还有古代岩石壁画，给喀纳斯湖增

添了历史人文景观。那终碛垄便成了当地举行阿肯弹唱会和赛马的好场所。

斯河流域的冰川是阿尔泰山最为发育的冰川中心区，该区冰雪覆盖总面积大约在400平方千米以上，其面积占我国境内阿尔泰山区冰川的71.46％。

斯河流域的冰川储量占到70.08％。由于冰川所处纬度偏北，具有较好的代表性，是科学考察、研究及旅游探险的最佳基地。置身于冰川之上，体会洁白无瑕的银色世界，将会带你进入一种超然脱俗的梦幻仙境。

当之无愧的"海拔最低冰川"

喀纳斯冰川位于新疆阿尔泰山友谊峰，是由两支冰流组成的复式山谷冰川，长10.8千米，面积30.13平方千米，冰储量3.93立方千米，冰川末端海拔2416米，是中国末端下伸海拔最低的冰川。

而在近几年来，有许多冰川都打出了"海拔最低冰川"的称号，其中较知名的几个冰川在冰川目录中查得其末端高度，结果如下：

阿扎冰川，末端海拔2450米；卡钦冰川，末端海拔2530米；明永冰川，末端海拔2700米；海螺沟冰川，末端海拔2980米。

这样看来，喀纳斯冰川似乎是当之无愧的末端海拔最低冰

川，但是由于气候变化的影响，近年来许多冰川退缩非常严重，冰川末端海拔高度并不稳定，和冰川目录上记录的数据比也可能发生一定的偏差，所以严格意义上的末端海拔最低冰川并不能轻易判定。

喀纳斯一号冰川

喀纳斯一号冰川——友谊峰冰川，在喀纳斯国家级自然保护区内，发育着与友谊峰一样，保存完整的第四世纪冰川，这些冰川均位于喀纳斯河上游海拔3000米以上地带，在那群峰耸峙，以友谊峰为统领，这些山峰长年为冰雪覆盖，银装素裹，气势恢宏，高山峡谷之中蔚为壮观的210条现代冰川，覆盖面积约240余平方千米，其面积和储量均占阿尔泰山冰川总量的70%以上，冰川最大厚度超过130米。其中友谊峰冰川最大，面积约30平方千米，全长近12千米，冰川末端海拔2416米，是中国现代冰川海拔最低的冰川，特点是高纬度低海拔。

站在喀纳斯一号冰川出水口处，抬头仰望，冰川仿佛山峦一般，层层叠叠，一层胜过一层，低头看那冰川融水，至冰、至纯、至透，正如喀纳斯那冰清玉洁的气质，那泰然大气的风度，有这样厚实的冰川后盾，又怎能少得了呢？

走在冰川之上，友谊峰上吹来的风滚动在冰川上空，不时可以发现冰桥、冰井、冰泉、冰蘑菇等大自然奇观，甚至再耐心寻

找可以看到落水洞、冰下暗河、冰蘑菇、漂砾石、中碛垄、侧碛堤等现代冰川微地貌景观，在冰川上走累了渴了，轻轻掬一捧万年冰川融水，清凉的洗尽疲惫。

延 伸 阅 读

　　冰蘑菇是指覆有大小石块的孤立冰柱。是冰川地区的一种特殊地貌。因状似蘑菇，故得名。冰川周围嶙峋的角峰，经常不断地崩落下岩屑碎块。如果崩落的岩块较小，在阳光下受热增温就会促进融化，结果岩块陷入冰中，形成圆筒状的冰杯，进而形成冰面湖。如果较大体积的岩块覆盖在冰川上，引起差别消融，当周围的冰全部融化了，而大石块因为遮住了太阳辐射，其下的冰没有融化，就能生长成大小不等的冰蘑菇。

世界三大冰川之一

来古冰川小档案

地理位置：位于西藏昌都地区八宿县然乌镇境内，紧邻然乌湖

重要数据：来古冰川为一组冰川的统称，包括美西、亚隆、若骄、东嘎、雄加和牛马冰川，该冰川群中亚隆冰川最为壮观。"亚隆冰川"长12千米，从岗日嘎布山海拔6606米的主峰延伸至海拔4千米的岗日嘎布湖。

观看冰川的绝佳地点

来古冰川一名来源于紧邻冰川的一个藏族小村落——来古

村，来古在藏语的意思就是隐藏着的世外桃源般的村落，第一眼看见来古冰川就犹如眼前突然出现一美女一阵惊艳。

西藏八宿县然乌镇来古村在青藏高原东南伯舒拉岭的腹部，西藏最美的湖泊之一的然乌湖就在它身边，这条因冰川而出名的来古村距川藏公路只有20多千米，周围遍布美丽的湖泊与宏伟的雪峰，站在这里可以看到6条海洋性冰川，这样的自然景观在中国甚至在世界上都绝无仅有，是我国一个观看冰川的绝佳地点。

来古冰川比起现在人们常到的海螺沟冰川、明永冰川更为宏伟和原始是典型的中低纬度海洋性冰川，其壮观美丽及运动变化的多样性，可观性均优于新疆、西藏等地的其他的大陆性冰川。

自然人文风光

从然乌镇到来古村一直是沿着有"西天瑶池"之称的然乌湖岸边走，湖两岸的灌木丛叠加上白云蓝天，在湖水中反射成一幅幅涂抹浓彩的画面。

围绕着来古村的多条冰川，在村子前形成了多个冰湖，因不同的冰川所在的地质和土壤成分不同，每一个冰湖都会反射出不同的颜色，有一个冰湖上还漂浮着大大小小的冰山，看上去真有点到了南极的感觉。冰川的末端与冰湖之间，断裂的冰川露出十数米高蓝幽幽的冰层。

身在来古村，可以同时看到美西冰川、雅隆冰川、若骄冰川、东嘎冰川、雄加冰川和牛马冰川，因为所有这些冰川都围绕着来古村，所以它们被人们统称为来古冰川。

其中生成于岗日嘎布山东端长达12千米的雅隆冰川最为雄壮，它从海拔6000多米的主峰，一直延伸到海拔4000米左右的来古村边，黑白相间的"中碛"又为它在宏伟之中再添上几分美丽，在其他的冰川很难看得到。

沿然乌湖边而行的简易村道，到来古村就算走到底了，70多户人家的来古村至今还保持着最为原汁原味半农半牧型的藏族村庄风采。村子里的房子相对比较分散，细分为沙土那、拉那格、曲娥、然母等几个更小的村庄和定居点，最远的相距两三千米，小村之间分布着块块田垅。

延 伸 阅 读

冰碛是指在冰川作用过程中，所挟带和搬运的碎屑构成的堆积物。又称冰川沉积物。冰川的沉积方式有3类：冰川冰沉积；冰川冰与冰水共同作用形成的冰川接触沉积；冰河、冰湖或冰海形成的冰水沉积。中碛是位于冰川中间的冰碛。当两条或两条以上冰川相遇会合后，其中相邻的两道侧碛汇合在一起合并而成的冰碛。冰川消融后，常形成沿冰川谷延伸的中碛堤（垅）。

世界最高的大江之源

姜古迪如冰川小档案

地理位置：位于青藏高原腹地唐古拉山脉的各拉丹东雪山

重要数据：姜古迪如冰川由南北两大冰川构成，冰舌海拔5400米。姜古迪如冰川北支冰川宽1.3千米，长10.1千米，冰塔林最高达20多米；姜古迪如南支冰川宽1.6千米，长12.4千米，整条冰川相对破碎。近三十年间姜古迪如冰川已后退600米。

"滴水成河"——万里长江的源头

在世界屋脊的青藏高原上，有无数的冰川犹如银龙盘舞、玉蛇翻展，装扮着高原的山峰，从而使高原的天更蓝、高原的水更碧、高原的花更艳，高原的江河更具有旺盛的生命力。也正因为有了冰川，才更使人们对高原的风光产生无限的遐想和向往。

位于青藏高原腹地唐古拉山脉的各拉丹东雪山，是由21座雪山组成的雪山群，它的海拔高达6621米，是唐古拉山脉的主峰。从远望去，它酷似被众多雪峰堆捧起来的银色金字塔，四周的山脊隐现，沟谷的冰水流溢，让人阅尽群峰堆秀、雄伟壮观。如果天晴，展现在眼前的就是一幅蓝天白云罩雪山的壮丽美景。

在各拉丹东的周围发育有69条现代冰川，最著名的、也是最

大的要数姜古迪如冰川。它位于各拉丹东的西南侧，全长有21.5千米。呈马蹄形分南北两支下伸到海拔5400米和5450米高度。姜古迪如意为狼群出没的冰川地带。它之所以为世人瞩目，是因为它孕育了中华民族的母亲河——长江，是长江的正源——沱沱河的源头。

置身于姜古迪如冰川中，会感受到冰川就像一座冰塔林，在冰塔林间穿行，好像置身于一座晶莹剔透的水晶宫中，想象的翅膀会随着眼前的冰塔、冰柱而飞舞：这片大地，不知是哪个年代，从海洋升高成为高原的，这些冰塔林一开始是一整座硕大无比的冰体，阳光和冷风成为大自然的雕刻艺术家，千万年来不懈地雕琢着、切割着。如果有阳光照耀，这片冰世界就会莹莹闪烁起来，光彩夺目，生动而壮美。

这就是"滴水成河"，万里长江从这里起步。

长江正源之争

长江源分为正源、南源和北源。南源以当曲、牧曲水系为主，北源以楚玛尔河水系为主，正源由沱沱河水系组成。

我国曾在1976年、1978年两次派出江源考察队至长江源头考察。根据水文地理等资料，1978年，长江水利委员会按"河源唯远"的原则确定沱沱河为长江正源，提出将长江源头的位置定在格拉丹冬雪山的分水岭上，并将姜古迪如冰川作为沱沱河的一部

分，在计算沱沱河长度时，将姜古迪如冰川的长度（12.6千米）计入河长。1979年国家正式确认沱沱河上游的姜古迪如冰川为长江正源。

可是另一种说法认为当曲应为长江正源。主要原因是在长江源区，如果加上姜古迪如冰川，沱沱河稍长；但是，如果从冰川的末端开始计算沱沱河的长度，当曲比沱沱河长。

坚持冰川不能计入河长的专家认为，从姜古迪如冰川的末端开始，沱沱河才开始被称为"河"。如果由冰川末端开始计算河流长度，沱沱河的源头则应为尕恰迪如冰川，由其末端计算得到沱沱河的长度为348.6千米，当曲的长度为360.3千米，当曲长于沱沱河11.7千米。

2008年秋，由青海省人民政府组织，国家测绘局指导，武汉大学测绘学院技术支持，青海省测绘局负责又实施了一次三江源头科学考察活动，包括11位院士在内的30多名国内知名地学专家参与考察。结果，又把长江源头，定在了南源当曲。

然而，确定大河的正源，不能只看河流的长度，主流与支流的流向关系也很重要。

从地图上很容易看出，沱沱河由西向东，非常顺直，发源地是地势较高的冰川，而当曲的源头是海拔较低的沼泽，由地下水源汇集起来的，且偏向东南，有一个大拐弯，所以虽然降雨多、河水流量大，但他与长江干流的方向不够顺畅。另外，沱沱河与当曲长度相当，源头冰川不记入河长也有争议。因此，综合看来沱沱河作为长江正源更合适。

虽然确定河源的主要标准是河长，但是在沱沱河在长度与当曲相差无几的情况下，其源头姜古迪如冰川与当曲源头区霞舍日阿巴山相比，前者距入海口直线距离最远，海拔又高达6000余米，最能体现长江发源于全球最高的高原青藏高原的特点，是世界最高的大江之源。

冰川退缩

科学家对长江正源姜古迪如冰川变化状况进行了长达5年的监测和系列资料收集。研究结果显示：长江正源沱沱河的发源地，姜

古迪如冰川近40年最大退缩距离超过1200米；长江源的最大冰川，岗加曲巴冰川的最大退缩距离超过4000米。有关专家认为，水量补给不足和全球气候变暖两方面因素造成了长江源头冰川退缩。

2010年6月，科学家对长江正源冰川——姜古迪如冰川退缩距离进行了测量。对比1986年，姜古迪如冰川共退缩了151米。 通过1986年的姜古迪如冰川照片，科考队员利用GPS将当时的冰川末端进行定位：北纬33° 26′ 53.52″，东经91° 01′ 32.18″。

随后，科考队员又将冰川现在的末端进行了准确的定位：北纬33°26′53.15″，东经91°01′38.49″。通过相关软件计算，1986年至今，姜古迪如冰川共退缩了151米。

延 伸 阅 读

沱沱河是长江的正源。它从各拉丹冬的姜古迪如冰川发源时，是一些冰川、冰斗的融水汇成的小溪流，水面宽只有3米，深只有20多厘米，然后向北流过9000米长的距离，在巴冬山下汇集了尕恰迪如岗雪山的冰川融水，经过一条长约15千米的谷地，继续向北，分成了两条宽4米和6米的小河，小河两边的谷地中还有许多密如蛛网的水流，这里是沱沱河的上源。在这片谷地的出口，河谷突然下切，形成了一条长约5千米的陡峭峡谷，高达20多米。

最高的天然滑雪场

江布拉克冰川小档案

地理位置：位于阿克陶县帕米尔高原上

重要数据：江布拉克冰川分布在海拔4000米~4500米之间，长约12千米，宽约2千米，坡降50°~70°，是世界上海拔最高的天然滑雪场。

圣水之源

"江布拉克"，哈萨克语意为"圣泉"、"圣水之源"、"边泉"。江布拉克泛指天山东段奇台境内的冰川及山脉，东至大东沟（开垦河）与木垒山连理，西至黑沟（白杨河），与吉木萨尔山接壤；南至奇台县与吐鲁番、鄯善两县市的分水处，北至奇台南山山区与丘陵地带的交接处。

相传当年周穆王和西王母亲瑶池（天池）相会时，在水中纵情嬉耍，致使瑶池之圣水四处飞溅，落到了天山的峰峦和山巅上。几乎这里所有的山谷中都流淌着溪水，虽大小不同，但清澈甘甜，是可直接饮用的天然纯净水。江布拉克因得圣水而出现圣泉，其名可能由此而来。

江布拉克冰川，是阿克陶县布伦口乡慕士塔格冰山之侧的一个

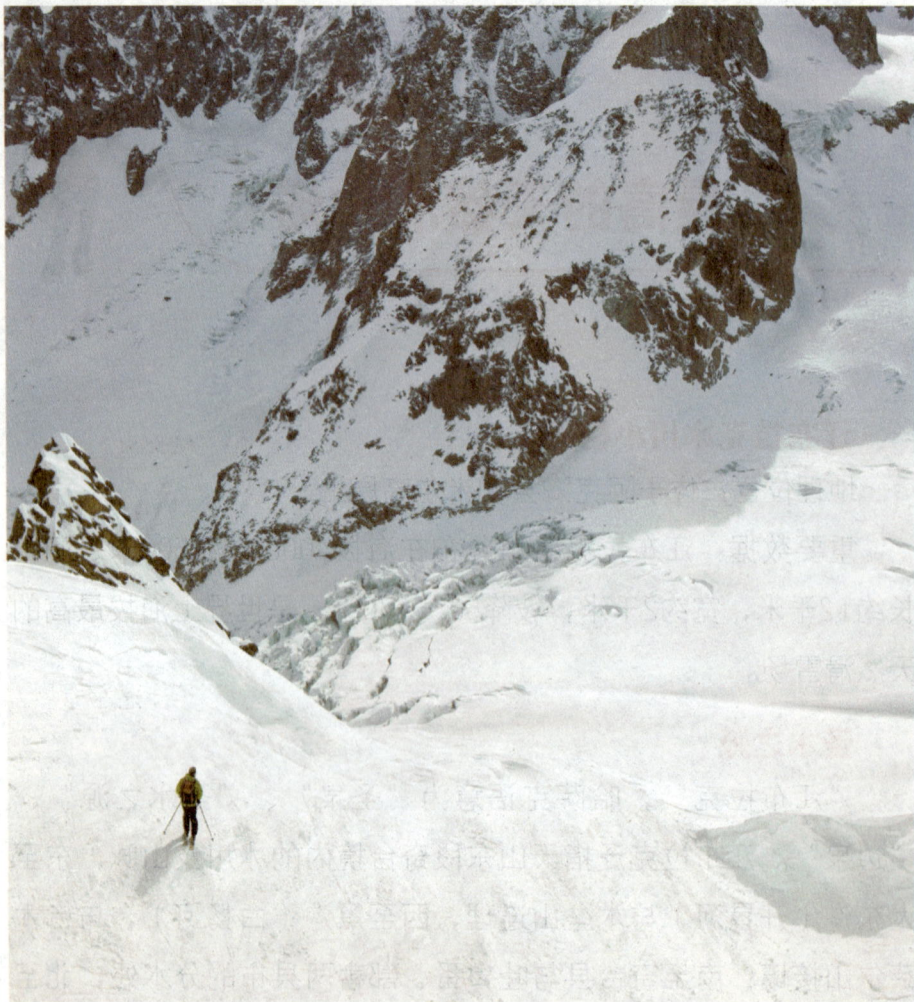

现代冰川，是攀登慕士塔格峰的大本营所在地，也是当今世界上海
拔最高的天然滑雪场。冰川表面平坦而光滑，四季冰雪不化，是一
个未经任何人工雕琢、天然的滑雪场。1992年，吉尔吉斯斯坦等国
运动员曾在这里举行过滑雪比赛。

秀丽的冰川奇景

江布拉克是具有极高开发价值的旅游胜地。这里遍布雪岭云

杉，红松、白桦、绿柳等树种穿插于雪岭、云杉之间，簇拥并汇集成了江布拉克的大森林，特别是亮丽的白桦林，更是格外俊秀动人。漫步江布拉克，猎隼在蓝天中翱翔、松鼠在密林间穿梭、山雀在花草里跳跃、野鸭在池塘内荡漾，构成了一幅幅山、水、树、鸟的和谐风景；挺拔壮美的刀条岭，常年积冰的冰沟，"一夫当关，万夫莫开"的石门，雄奇宽宏的宽沟，因水清澈而冠名的碧流河，幽深而宁静的黑沟等都为江布拉克添色不少。常年飘绕的云雾，时隐时现的"木笼坝"（海市蜃楼）幻景，雨后的七色彩虹都会把游人带进如梦似幻的仙景中。

　　每年的6、7月份是江布拉克风光最美的季节，没膝的党生花、贝母花和一种叫不上名的小黄花漫山遍野，争奇斗妍，沁人心脾的花香令人陶醉；远处群山起伏，层峦叠嶂，连绵不断，苍松翠柏直插云霄，雪峰、林海和绿草鲜花构成了一幅秀丽的山水画卷；行走

在这绿茸茸、湿漉漉的草地上，凉风习习，尽情呼吸新鲜的空气和花草的芳香，一种心灵被大自然净化的感觉油然而生。

各类资源十分丰富

江布拉克不仅风景优美，而且各类资源也很丰富。原始的雪岭云杉，树身挺拔而粗壮，直插云霄，为自治区和奇台提供了优质的木材；野生动物频频出现，松鼠、斑鸠随处可见；密林深处，有马鹿、狍鹿、野山羊以及云豹、野猪和棕熊。雪莲、赤芍、大黄、贝母、当归、黄芪等名贵药材也盛产在这里。江布拉克拥有丰富的矿产资源，东有石灰岩，中有灰铬岩、砂金，还有品位很高的铁矿等其他矿藏，等待着人们去开发。

延 伸 阅 读

慕士塔格峰，位于阿克陶县与塔什库尔干塔吉克自治县交界处，海拔7546米，其雄伟高大的身躯巍然屹立于帕米尔高原之上。它峰顶的皑皑白雪，犹如满头白发，那倒挂的冰川，犹如胸前飘动的银须，它像一位须眉斑白的寿星，雄踞群山之首，故有"冰山之父"的美称。多少年来，顶礼膜拜者有之，探幽问险者有之，更有一些国内外登山队纷至沓来，络绎不绝，意欲征服慕士塔格峰。

亚洲距城市最近的冰川

祁连山七一冰川小档案

地理位置：位于甘肃省嘉峪关市西南116千米处的祁连山腹地。

发现时间：由中国科学院兰州分院的科技工作者和前苏联冰川学专家于1958年7月1日发现。

重要数据：七一冰川斜挂于坡度小于45°的山坡上，冰层平均厚度78米，最厚处达120米，冰峰海拔5150米，冰舌前沿海拔4300米。

"高山水库"

祁连山是河西走廊南侧的一群平行排列的褶断块山脉，长900千米~1000千米，海拔多在3000米以上，其中5000米以上的高峰有26座。祁连山为古代匈奴语，意本为"天山"，即其山峰耸入天际。山峦共有冰川3066条，总面积2062.72平方千米，为典型的高原冰川。冰川储量达1145亿立方米，其融水为河西走廊绿洲生成的水源基础，被誉为"高山水库"。

七一冰川只是祁连山众多冰川中的一处，它位于嘉峪关西南116千米的肃南县祁丰藏族乡的祁连山腹地，从酒泉或嘉峪关出发约两小时即可到达七一冰川脚下的营地。营地海拔3700多米，向前行5千米，即可到达海拔4300米的冰舌前沿。七一冰川斜挂在坡度小于45°的山坡上，全长30.5千米。冰层平均厚度78米，冰峰海拔5150米，最厚处120米，年储水量为1.6亿立方米，融水量70万~80万立方米，成为一大固体淡水水库。

青山不老，为雪白头

七一冰川形成于约2亿年以前，终年积雪，"青山不老、为雪白头"是它生动的写照。

七一冰川旅游区域约4平方千米，每到夏秋季节，冰峰在蓝天丽日下分外晶莹耀眼，与潺潺的溪流以及绿草如茵、鲜花盛开的高山牧场，共同构成一幅恬静而又充满生机的迷人画卷。由于冰川海拔较高，游客登临时常常会遇到阴、晴、雨、雪等天气，在一日之内经历四季，堪称一生中难忘的体验。七一冰川还以"亚

洲距离城市最近的可游览冰川"被编入了部分高等院校旅游专业的教科书。

七一冰川景观奇特，远望似银河倒挂，白练悬垂；近看则冰舌斜伸，冰墙矗立，冰帘垂吊，冰斗深陷，神秘莫测。冰川处修建有5千米人行山道，立有"青山不老，为雪白头"纪念碑。

七一冰川正在萎缩

科学家通过实地观测和分析发现，亚洲距城市最近的冰川——祁连山七一冰川正逐渐萎缩，近年来尤为明显，主要表现为冰川物质出现严重的负平衡、冰川零平衡线位置不断升高等。

中科院寒区旱区环境与工程研究所的专家分析祁连山七一冰川2001/2002年度和2002/2003年度的观测结果后发现，七一冰川物质出现严重的负平衡，分别为-810毫米和-316毫米水当量，即冰雪消融量远远大于积累量，亏损强烈，冰面出现显著的减薄状态，为最近30年来所有观测资料中负平衡值最大的年份。

与此同时，专家通过计算得出，2002年和2003年七一冰川的零平衡线海拔分别为5012米和4940米，平均为4970米。与上世纪70年代（海拔4600米）和上世纪80年代（海拔4670米）实际观测的平均结果相比，分别升高了370米和300米。而零平衡线是冰川响应气候变化最敏感的指标，在这个高度上冰川的年积累量等于年消融量，即物质平衡等于零。冰川消融量和积累量的大小，决定冰川消融区和积累区面积的扩张和缩小，从而影响冰川零平衡线位置的升降变化。

七一冰川物质平衡由正平衡到稳定再到近两年的巨大负平衡和零平衡线的上升过程，强烈反映了在全球变暖背景下冰川对气候变化的响应过程。计算结果也显示了气候变暖在冰川物质循环中的作用，如果气候变暖趋势继续，冰川物质平衡负值将增大、冰面减薄和雪线升高，冰川的萎缩还将会继续下去。

延 伸 阅 读

冰川积累是向冰川提供物质的过程，主要方式是降雪、吹雪和雪崩，其次是少量的霜、雾凇、雹的生成和液态降水再冻结。冰川消融指冰川上物质的损耗过程。在温带冰川区，冰川物质支出以冰面融化为主，而在极地冰盖及冰川和少数温带山地大冰川末端则以崩裂、蒸发等为主。此外，还有一些温带冰川存在冰下和冰内融化。

冰与火之地

瓦特纳冰川小档案

地理位置：位于冰岛东南部

重要数据：冰川面积约8400平方千米，相当于冰岛面积的十二分之一，仅次于南极冰川和格陵兰冰川。冰川海拔约1500米，冰层平均厚度超过900米，部分冰层的厚度超过了1000米，是欧洲最大的冰川。

欧洲最大的冰川

瓦特纳冰川在冰岛东南部，排名世界第三，是欧洲最大的冰川。

冰川面积约8400平方千米，相当于该国面积的十二分之一，仅次于南极冰川和格陵兰冰川。

冰川海拔约1500米，冰层平均厚度超过900米，部分冰层的厚度超过了1000米。

瓦特纳冰川是冰岛最大的冰冠，人们通常称冰岛为"冰与火之地"。令人感到奇特的是在冰中分布着熔岩流、火山口和热湖。在瓦特纳冰川上有一个巨大的火山口，称格里姆火山口。

在冰岛的巨大冰原瓦特纳冰川上，冰块之多几乎相当于整个欧洲其他冰川的总和。

　　它覆盖的面积差不多等于英国威尔士或美国新泽西州的一半。其平滑的冠部更伸展出许多条大冰舌。冰雪从荒漠中升起，穿过山区，形成一大片白色平原，厚达900米以上，以致寸草不生。

　　瓦特纳冰川的东南两端各有布雷达梅尔克冰川和斯凯达拉尔冰川。东端的布雷达梅尔克冰川有蜿蜒曲折的条状岩石，还有从高地山谷冲刮下来的泥土。

　　冰川的末端是个泻湖。偶尔巨大而坚硬的厚冰块从冰川分裂出来，水花四溅发出巨响，形成了一座座冰川，漂浮在泻湖上。在这两条冰川之间有一个小冰冠，名为厄赖法冰川，覆盖着与冰川同名的火山。

　　厄赖法火山的高度在欧洲排名第三，它曾在14世纪和18世纪

时先后有过两次毁灭性的爆发。瓦特纳冰川永不静止的特性是冰岛的典型风光。

目前，瓦特纳冰川仍以每年800米的速度流转入较温暖的山谷中。当它在崎岖的岩床上滚动时，会裂开而形成冰隙。冰块在抵达低地时逐渐融化消失，留下由山上刮削下来的岩石和沙砾。

藏在瓦特纳冰川下的火山

从地质学的角度来说，冰岛是新近形成的，形成的过程还在进行中。它屹立在6400米厚的玄武岩上。

过去二千多万年以来，由于大陆漂移，使欧洲及北美洲慢慢背向移动，造成中大西洋海岭上一处很深的裂缝，玄武岩便是从这个"热点"涌出来的。

在上次冰河时期的二百多万年间，冰岛上的火山岩表被厚达1600米的冰川凿开，冰期在约一万多年前才告结束。冰岛的心脏

地带满布火山、火山口及熔岩，十分之一的土地被熔岩覆盖着。

瓦特纳冰川下藏着的格里姆火山是该冰川底下最大的火山。火山的周期性爆发融化了周围的冰层，冰水形成湖泊。湖水不时地突破冰壁，引起洪灾。格里姆火山口内的热湖深488米，湖泊被200米厚的冰所覆盖，但来自底下的热量使部分冰融化了。冰变成水后便占据了更大的空间。

在格里姆火山口，不断增大的水量最终会冲破冰层。这种猛烈的喷涌使水流带走了其路径中的一切，包括高达20米的冰块。20世纪以来，格里姆火山每隔5年~10年即爆发一次。火山喷发的火焰与冰川移动的冰块构成瓦特纳冰川变幻莫测的气氛。

延 伸 阅 读

冰冠是一种规模比大陆冰盖小，外形与其相似，而穹形更为突出的覆盖型冰川。在压力不均匀情况下，冰体内的冰从中心向四周呈放射状漫流。它是大陆冰盖和山岳冰川的过渡类型。多分布在一些高原和岛屿上，故又有高原冰帽和岛屿冰帽之分。冰岛的瓦特纳冰川即是冰岛最大的冰冠。

50年内将消失的冰川

比利牛斯山脉冰川小档案

地理位置：位于法国和西班牙

重要数据：仅有21座冰川，覆盖4.5平方千米以上的面积，在这其中有10座位于西班牙境内，11座位于法国。

欧洲西南部最大山脉

比利牛斯山脉是欧洲西南部最大山脉。法国和西班牙两国界山，安道尔公国位于其间。西起大西洋比斯开湾畔，东止地中海岸，长约435千米。一般宽80千米~140千米，东端宽仅10千米，中部最宽达160千米。海拔大多2000米以上。

比利牛斯山脉按其自然特征，可分为3段：

西比利牛斯山，从大西洋岸至松波特山口，大部分由石灰岩构成，平均海拔不到1800米，降水丰沛，河流侵蚀切割，形成山口，成为法国和西班牙之间的通道；

中比利牛斯山，从松波特山口往东至加龙河上游河谷，群峰竞立，山势最高，海拔3000米以上山峰有5座，主要由结晶岩组成，最高点阿内托峰海拔3404米；

东比利牛斯山，从加龙河上游至地中海岸，也称地中海比利牛斯山，由结晶岩组成的块状山地，有海拔较高的山间盆地。离地中海岸约48千米处有海拔仅300米的山口，为南北交通要道。

从靠近东端的卡利峰到奥里峰和阿尼峰，有一串高近2987米的山岳崛起；仅有远靠西面的少数几个地方，可由1980米以下的山口通过此山脉。

山脉较低的东段和西北段，都有河流将地面切割成许多小的盆地。山脉的两翼都连着广阔的洼地—北有亚奎丹和朗格多克，南有厄波罗，两翼洼地接纳来自山脉的大河（法国的加伦河和西班牙的厄波罗河主要支流）的流水。

50年内冰川将消耗殆尽

比利牛斯山脉是阿尔卑斯山脉主干西延部分，构造比较复杂，具有阿尔卑斯山脉特征，山体中轴由强烈错动的花岗岩和古生代页岩及石英岩构成，两侧为中生代和第三纪地层，北坡为砾岩、砂岩、页岩等岩层交错沉积所组成的复理层。第四纪冰期，东、中比利牛斯山冰川广泛发育，冰蚀谷（U型谷）、冰蚀湖普遍分布。现代冰川仅限于在海拔近3000米的冰斗和悬谷内，北坡多于南坡，总面积约40平方千米。

现今比利牛斯山脉的冰川（或许北山坡较南山坡常见）已经减少，仅在海拔2987米以上的高山盆地——冰斗或悬谷——方可

见到。

近年来，关于格陵兰岛以及南极洲冰川减少甚至消失的消息不断反复出现在媒体杂志中；事实上，不仅上述这些地方的冰层正在加速减少，许多其他的著名自然景观冰层也出现了大面积减少甚至消耗殆尽，而著名的高原地带、伊伯利亚的比利牛斯山脉就是其中最为重要的一例。

西班牙一所大学的研究学者们对比利牛斯山脉进行了多年的气候考察以及反复研究论证后，得出了50年内比利牛斯山脉冰川将消耗殆尽的结论。

科学家们将早在1300年至1860年气候变化以及冰层松动的信息加以总汇，对包括比利牛斯山脉在内的诸多著名冰川景观进行

了研究，最后得出的结论显示，其他山脉以及各自然景观的冰层目前来说比较"牢固"，尚没有消失殆尽的趋势，然而比利牛斯山脉冰川松动现象却十分明显。

科学家们再汇总0.9°变暖的数据后，无不遗憾的向外界表示，也许最快仅仅就在30多年左右，人们也就只能通过以往的明信片以及其他图片资料来回顾比利牛斯山脉的冰川历史了。

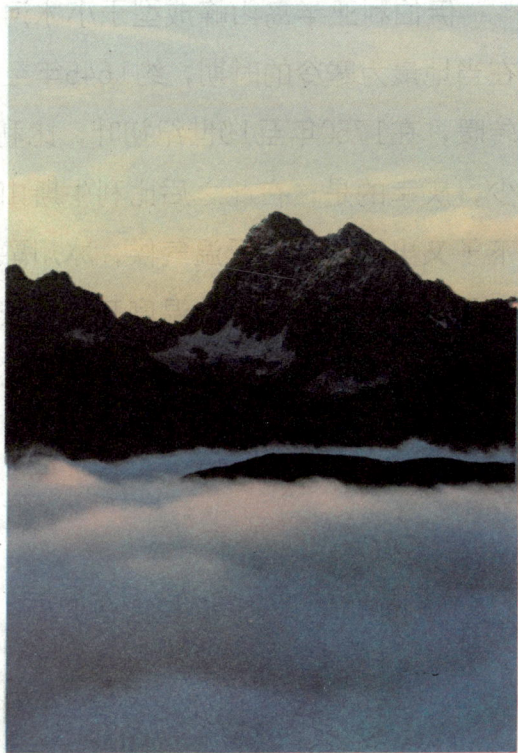

气候变暖的直接"受害者"

一般来说，高山地带对于气候环境变化的灵敏度最高，而比利牛斯山脉所处地区又属于高原地带，因此比利牛斯山脉上的冰层化解现象是再正常不过的现象了。此外，从某种角度来讲，比利牛斯山脉冰层减少也可以说是当前气候变暖最为直接的"受害者"。

事实上，自1990年以来冰川融化现象已经涉及至少50%~60%的冰川地区，而且速度始终在加快，情况十分危急。此外，根据最新的调查报告显示，在1880年~1980年100年间，在伊伯利亚半岛至少已经有94座冰川消失；而在1980年以后，又有17座冰川也已经消失。

伊伯利亚半岛山峰成型于小冰河时期，其中冰川的形成则是在当地最为寒冷的时期，约1645年至1710年期间。然而随着气候转暖，在1750年至19世纪初叶，比利牛斯山脉冰川开始大幅度减少，庆幸的是，在此之后比利牛斯山脉却又迎来了转机，当地一下子又出现了新的低温气候，冰川融化速度又再次放缓。但是也正是从那时起，当地的温度开始了长时期的升温，平均升温约处于0.7℃~0.9℃左右，而这也是全球气温转暖的直接后果。

延 伸 阅 读

在比利斯山脉，动物中某些群落（如挖洞的动物、蛙和蟾蜍）说明古代曾有过动物自第勒尼亚迁移的浪潮，迁移来的动物代替了某些欧洲本土动物，将其驱逐到坎塔布连山脉西部。现在比里牛斯山脉大型食草动物很多，食肉动物的种类和数量也很多。在山脉的北部，有几种动物如狼、山猫和棕熊等皆已消失。

阿尔卑斯山的心脏

阿莱奇冰川小档案

地理位置：位于瑞士中南部伯尔尼兹山中

重要数据：面积171平方千米，主体部分长24千米，宽1.6千米，总重量将近三百亿吨。

欧洲之巅——少女峰

阿莱奇冰川是西欧亚大陆最大最长的冰川，由少女峰–阿莱奇峰–比奇峰地区组成。

欧洲之巅少女峰在瑞士的腹地，受拔地而起的阿尔卑斯山脉影响，伯尔尼地区高高隆起，成为一块云集着众多雄伟峰峦的云中之地。其中，艾格尔山、明希山和少女峰是这片密布着的皑皑雪山中最为璀璨的三颗明珠。以秀美而闻名的少女峰是伯尔尼高地上最迷人的地方。

在瑞士，有一则古老的传说：传说天使来到凡间，在一座美丽的山谷里居住下来，并且还为它铺上了无尽的鲜花和森林，镶嵌了银光闪烁珠链，还为它许愿说："从现在起，人们都会来亲近你、赞美你，并爱上你。"这座使天使都心醉的山说的就是瑞士少女峰。天使的愿望已经实现，少女峰现在已经成为了几乎每

一个来瑞士旅行的人都不会错过的地方。

少女峰位于瑞士因特拉肯市正南二三十千米处，差不多是珠穆朗玛峰的一半，是欧洲的最高峰。巍然屹立在伯尔尼的东南方，它又译为容弗劳峰，被称为阿尔卑斯山的"皇后"，是阿尔卑斯山的最高峰之一。少女峰海拔4158米，横亘18千米，宛如一位少女，披着长发，银装素裹，恬静地仰卧在白云之间。

这里终年积雪，如果天清气朗，极目四望，景象壮丽，毕生难忘，这里有欧洲最高的火车站可直达。少女峰登山铁路本身就是20世纪初年一大工程奇迹。修筑这条铁路用了16年时间，而为了避免滑坡和风雪，路线有相当长的部分是在艾格峰腹地内的隧道中盘旋而上的。现在爬山铁路有不同的路线，游客上下山在沿途可从不同角度瞻仰并肩耸立的奇峰峭岭。站在一个名叫艾格格来舍（"格来舍"意为"冰川"）的山间小站上，游客面前就是著名的冰川。火车再从这里开出，要钻一个长7千米的隧道。山间景色随着季节变化而变化：夏日雪融，便露出覆盖坚冰的石砾；早冬降雪，又把山坡变成玉白，愈发娇艳。火车还在两个小站稍停，乘客可以下车，通过凿石而成的"景窗"，欣赏对面的天然图画。

少女峰的主要山峰有三座，呈东西向排列。由东而西分别为老人峰、僧侣峰和少女峰，三峰的高度分别为3970米、4099米、4158米，渐次升高。围绕这三座峰名字的由来有许多美丽的传说，少女峰也因此成为许多艺术家创作的素材。"老人峰"出自德语，其意为"我在这里"（瑞士通用语言主要是德语和法语，而少女峰属于德语地区）。"僧侣峰"则出自奥地利的一种马的名字，"少女"的原意是修女。僧侣峰横在老人峰和少女峰之间，使他们无法接触，也因此产生了种种的解释和传说。

世界遗产，壮丽的冰川景象

2005年~2006年间，阿莱奇冰川消融了100米。科学家们预测，到2100年，全球气温将升高2℃~4.5℃，整个阿尔卑斯山脉将发生巨大变化，只有海拔4000米以上的冰川才能幸存下来。

少女峰、阿莱奇峰、比奇峰地区是阿尔卑斯山冰蚀现象最显著的地区，有一系列典型的冰川特征，如U型山谷、冰斗、角峰和冰碛等，记录了促成阿尔卑斯山形成的明显的地壳上升和挤压运动。该地区良好的高山和亚高山环境哺育了丰富的动植物物种，冰川退缩形成的植物移植提供了植物演替的突出范例。以艾格尔峰、门希峰和少女峰为中心的阿尔卑斯高地北部山屏的壮观景象，在欧洲艺术和文学中占有重要的一席之地。

多年以前，科学家就在少女峰建立了高山研究中心。这里科研工作的覆盖面积很广，研究课题从天文学到水文学十分丰富。少女峰海拔3700米，像是地球上的空间站。为正确引导阿莱奇峰的发展，当地部门答应制订一个计划，他们在三年内启动一个可持续发展项目，既要保护游客的利益，又要保护这里欧洲最长的冰川。

在越来越工业化的欧洲，这种纯自然的壮丽冰川景象曾令各个年代的众多艺术家和登山者感到震撼。

延 伸 阅 读

在海拔约4000米、总面积约470平方千米的广阔地域内，拥抱着艾格尔峰、明希峰、少女峰三座名峰的是一条瑞士最长的冰河—阿莱奇冰河。阿莱奇冰河是阿尔卑斯山脉最大的冰河，从少女峰地区一直延伸到阿莱奇地区。宽阔的冰河，与岸边树林相映成趣而形成美丽的风景。1933年这里被定为自然保护区，1966年建立了环境保护中心，2001年这一地区被列为联合国教科文组织世界自然遗产。

赤道线上的壮丽冰川

肯尼亚冰川小档案

地理位置：位于肯尼亚的中部，内罗毕北方约160千米的赤道线上

重要数据：肯尼亚山冰川位于非洲第二高峰——肯尼亚山，冰川所有面均暴露在阳光直射环境下，无法获得雪水的补给，目前已处于萎缩状态。

肯尼亚山地区在1997年被联合国教科文组织列入世界遗产名单内。

非洲第二高峰

肯尼亚山位于肯尼亚的中部，内罗毕北方约160千米的赤道线上，是非洲第二高峰，东非大裂谷中最大的死火山。肯尼亚山是吉库尤族的祖山，也是众多的部族在举行祭祀活动时朝拜的神山。

肯尼亚山有两个湿润季节。3月~6月的湿润期较长。12月~2月为短暂的干燥季节。降雨量范围从北方到东南斜坡，由900毫米一直增大到2300毫米。海拔2800米到3800米处常年存在一条降雨云带。大约4500米以上的大部分降水为降雪。雨季峰顶经常白雪覆盖，在冰川上形成一米以上的积雪层。年平均气温变化范围

2℃，3月~4月最低，7月~8月最高。白天气温温差很大，1月~2月份约为20℃，7月~8月为12℃。空气流动剧烈，整个夜晚直到清晨，风不停地从山上吹下来。从早上到下午空气反方向上升。早上峰顶狂风大作，太阳升起后风速逐渐减小。

　　肯尼亚山由间歇性火山喷发形成。整个山脉被辐射状伸展开去的沟谷深深切开。沟谷大都是冰川侵蚀造成，山脚约96千米宽。有大约20个冰斗湖，大小不一，带有各种冰渍特征，分布在海拔3750米到4800米之间。由于海拔高，有12条冰川从肯尼亚山巅延伸下来，4300米以上终年不化。最大的两条是路易斯冰川和亭达尔冰川。在4300米以下，冰川融化形成了32个高山湖泊。

丰富的动植物资源

肯尼亚山不仅是壮丽的冰川景色的典范，而且在动植物类型分布上也很有特色。

肯尼亚山的植被种类随海拔和降雨量变化。高山和次高山花卉丰富（降雨量875毫米~1400毫米之间）较干旱地区和海拔较低处，非洲圆柏和罗汉松生长占优势。西南和东北较湿润地区（年降雨超过2200毫米）内，柱子红树占优势。概括而言，大多数低海拔地区不在保护区内，用来种植麦子。东南斜坡海拔较高地区（2500米~3000米，年降雨超过2000毫米）的优势树种是青篱竹。中海拔地区t−35（2600米~2800米）为竹子和罗汉松混生区。海拔稍高（2600米~2800米）或稍低（2500米~2600米）处为罗汉松。向山的西面和北面伸展开去，竹子逐渐稀少并失去优势。海拔2000米~3500米，年降水2400毫米的地区，哈根属乔木占优势。海拔3000米以上，主要因为气温低，树高降低。罗汉松让位于金丝桃属树木。由于下层树木更加发达，因而树冠更加张开。青草茂盛的林间空地在山脊上很常见。较低的高山地区或沼泽（3400米~3800米）特点是降水多，腐殖质土层厚，地形变化小，植物种类稍欠丰富。从生禾本植物、羊茅及苔草类占优势。丘陵草丛之中生长着斗篷草，老鹳草。较高高山区（3800米~4500米）地形变化较大，花卉种类更多，有巨大的莲叶植物，半边莲，千里光，飞廉属植物。土壤排水良好的地方，溪流旁边和河岸处，生长着各类禾本植物。尽管5000米以上的地区还可以发现维管植物，但从大约4500米高度起，连绵的植被消失了。

较低的森林和竹林区的哺乳动物有大林猪、岩狸、白尾獴、非洲象、黑犀牛、岛羚、黑胸麂羚以及猎豹（高山区也可见到）。沼泽地的哺乳动物有肯尼亚山特有的鼬鼱、岩狸、麂羚。还有人目击到金猫。在整个北部斜坡和深达4000米的峡谷中生活着特有的瞎鼠。森林鸟类包括绿鸪（肯尼亚山特产）、鹰雕、长耳猫头鹰。

处于萎缩状态的肯尼亚冰川

由于非常靠近赤道，肯尼亚山的冰川所有面均暴露在阳光直射环境下，无论是夏季还是冬季都是如此。较过去相比，这一地区变得更为干旱，降雨和降雪量不断减少。在这种形势下，无法获得补充的肯尼亚山冰川已处于萎缩状态，估计将在未来20年至30年内消失殆尽。

延 伸 阅 读

冰川湖是指山地冰川侵蚀成的冰斗中积潴流水而成的湖泊。冰斗中的冰川退却后，冰斗部位积水而成的湖泊，在中国西部的高山地区多见。冰斗大多发育在雪线附近的高山上。当冰川消失之后，这样的盆底就是一个冰斗湖泊。高山上常常可以见到冰斗湖，它们有规则地分布在某个高度上，代表着古冰川时代的雪线高度。

世界上最大的热带冰川

库里卡里斯冰川小档案

地理位置：位于秘鲁南端安第斯山脉

重要数据：库里卡里斯冰川不仅是安第斯山脉最大冰川，也是全球最大、融化速度最快的热带冰川。

魁尔克亚冰帽

魁尔克亚冰帽冰川位于秘鲁东科迪勒拉山脉，面积约70平方千米，高5670米，是全球最大的热带冰原区。

这里有令人惊叹的风景：魁尔克亚冰帽是热带地区最大的冰川地带，山谷下有多条小溪、河流。自1978年以来该地的冰面已经减少了20%，到本世纪末可能彻底消失。

魁尔克亚冰帽为周围的农田提供径流水已达数世纪之久。今天，当地居民表示水流量已经减少。

科学家证实冰帽缩小的速率越来越快。从1963年到1978年的15年期间，冰帽每年退缩了大约6米，但是在最近的15年，每年却平均退缩了60米以上，速度加快了十倍。1991年首次出现在冰川前方，面积为60 000平方米的小湖，随着冰帽退缩而变大，现在涵盖的面积几乎比原来的大了六倍，深度也达60米。冰川加快

的退缩速度与其他六个观察到的秘鲁安第斯山脉冰川一致。

魁尔克亚危机并不是局限于地方的现象。冰川是水电发电厂的重要水源，这些发电厂产生秘鲁所用电力的70%，并提供利马，一个八百万人口大城市的电力。利马的居民每四人中就有一人得不到供水服务，该市已经开始感到为居民供水的状况紧张。冰川和冰帽在干燥季节维持水流方面尤其重要。随着它们的尺寸缩小，季节性排出流量改变也会增加。

有人预测，再过30年至50年，全球变暖将导致魁尔克亚冰帽消失，致使秘鲁人失去可靠水源。

即将消失的热带冰川

我们知道，冰川是一条以冰块组成的巨大河流，又称为冰河。在终年冰封的高山或两极地区，多年的积雪在重力作用下挤压成冰块，沿斜坡向下滑形成冰川。两极地区的冰川又名大陆冰川，覆盖范围较广，是冰河时期遗留下来的。冰川是地球上最大的淡水资源，也是地球上继海洋以后最大的天然水库。七大洲都有冰川。

由于冰川形成于长年封冻地区，所以对冰川的研究，可以帮我们找到远古时代的地质信息。由于温室效应在高纬度地区和高海拔地区格外明显，地球上的冰川正以惊人的速度消失。

对于直接流入大海的冰川来说，这意味着巨型冰山的增多、海平面的上升以及沿海地区可能遭受到的泛滥；对于高山上的冰川来说，这意味着山脚下河流水流量的不稳定，即在大量融雪时造成水灾、其余时间则造成旱灾。

库里卡里斯冰川位于秘鲁的库里卡里斯冰川也和世界绝大多数冰川一样，正在快速消退，其消退速度要超过过去50个世纪的任何一个时期。

据估计，这条冰川将在5年内全部消失。库里卡里斯冰川是世界上最大的热带冰川，同时也是从魁尔克亚冰帽延伸出的众多冰舌中的一个。魁尔克亚冰帽是热带地区最大的冰体。

除了库里卡里斯冰川本身富有戏剧性的消退外，最令人感到不安的东西便是由融水形成的一个新冰川湖。

类似这样的高海拔湖泊通常处于不稳定状态，能够引发地震等突然性事件。此外，大型冰山的断裂也会造成巨大的冰水海啸，汹涌的海啸将最终波及下方的有人居住山谷。

延 伸 阅 读

冰川冰最初形成时是乳白色的，经过漫长的岁月，冰川冰变得更加致密坚硬，里面的气泡也逐渐减少，慢慢地变成晶莹透彻，带有蓝色的水晶一样的老冰川冰。冰川冰在重力作用下，沿着山坡慢慢流下，在流动的过程中，逐渐的凝固，最后就形成了冰川。当粒雪密度达到0.5克/厘米时，粒雪化过程变得缓慢。当密度达到0.84克/厘米时，便成为冰川冰。

北美洲最大最长的冰川

白令冰川小档案

地理位置：位于北美洲西北角的阿拉斯加州

重要数据：面积约5180平方千米，长达190千米。是北美洲最大最长的冰川。

"愤怒"的冰川

阿拉斯加白令冰川是北美大陆最大最长的冰川。1996年白令冰川的体积达到20世纪晚期最大。之后，该冰川逐渐消融。

位于北美洲西北角的阿拉斯加州是美国面积最大的州，也是世界上最大的飞地，位于该州的麦金利峰海拔6194米，是北美最高峰，阿拉斯加州约有10万座冰川，约占世界冰川总数的一半。

阿拉斯加的面积之大与人口之少恰成鲜明对比。根据最新统计，该州最大城市安克雷奇的人口仅有28万余人，却占全州人口总数的42%。驱车自安克雷奇出发，向东南方向行驶约80千米，便可观看联运湖冰川胜景。

阿拉斯加冰川的消融已经引起人们的忧虑。事实上，这里冰川消融的历史早在19世纪中期就开始了，一些冰川甚至在20世纪中期就已在地图上完全消失。在2008年出版的《阿拉斯加的冰

川》一书中，美国地理学家布鲁斯·马立纳写道，阿拉斯加5%的地表被10万座冰川覆盖，总面积约7.5万平方千米，比美国西弗吉亚州的面积还大。

但根据对历史记载和最新的卫星信息、航拍照片、测绘地图等资料的研究表明，阿拉斯加99%的冰川都在消融，其中海拔1500米以下的低海拔冰川消融程度更为明显。阿拉斯加最大的两座冰川——白令冰川和马拉斯皮纳冰川每年都在以惊人的速度融化和崩坍。

在阿拉斯加看冰川因此平添了几分忧患。当见到巨大的冰块轰鸣着倒坍，并溅落起冲天的水柱时，人们仿佛能听到冰川对当今人类发出的声声警示。

白令冰川消融的原因

有关冰川消融的趋势已有很多猜测，最严重的一种是在全球变暖情况下，冰川可能会在短时间内消失，包括北极和南极的冰盖会解体、世界各地的冰川也会相继融化，海平面会升高50米到70米，很多城市会被淹没。

冰川消融是由冰的融化和蒸发引起冰川消耗的现象，它是冰川物质消耗的主要方式。太阳直接辐射和近地层大气湍流交换是引起冰川消融的主要热源，冰面性质、冰川所在高度和坡向以及天气状况对消融也有影响。消融主要发生在夏季和白天，因而，具有日、季和年的变化。其数量取决于冰川所在纬度（温度）和冰面污染程度。冰川消融的方式有冰面消融、冰内消融和冰下消融，而以冰面消融为主。

科学家们分析阿拉斯加白令冰川消融的原因，可能是因为两块板块之间底部的压力减少，从而增加了该区域的地震发生次数。

如果冰川消融

全世界的川总面积大约为1500万平方千米，从20世纪80年代开始，全球变暖趋势加快，冰川的融化也在加快。

冰川消融带来的主要影响首先是，冰川融水，注入海洋，导致海平面升高。据国际政府间气候变化专业委员会最新评估报告，自末次冰期最盛期（距今约2万年）以来，全球海平面平均上升了120米，其主要原因是北美和欧亚大陆冰盖消亡和其他冰川大量消融，使陆地上的水体大量转入海洋。

其次，冰川消融还会导致固体水资源的储量减少，造成水资源短缺。

还有研究称，冰川融化会释放病毒，给人类带来毁灭性的灾难。科研人员在从极地钻取的冰芯中发现，其中含有古老的病毒，而且经过了几千万年，这些病毒居然还是活的。他们认为，极地冰川是古老病毒的最大库存地，一旦冰川全部融化，这些病毒就可能会释放出来，给人类制造一场空前的大灾难。

另外，冰川融化对旅游业也会带来重大影响，一些以雪山冰川著称的景点有可能濒临消失。如我国的玉龙雪山冰川等纬度比较低的冰川，将会首当其冲受到气候变暖的威胁。

延 伸 阅 读

冰川的沉积作用包括融坠、推进和停积等3种方式。融坠是指由于冰川表层或边缘部分消融，从其中散落的碎屑物就地进行堆积的一种沉积方式。当冰川前端位置向前推移时，它会像推土机那样把铲刮的物质堆积起来，这种沉积方式称为推进。此外，若冰川在运动途中遇到障碍物，受挤压，熔点降低而融化，散布其中的碎屑物就地堆积，这种沉积方式称为停积。

千万年前冻结的冰河

福克斯冰川小档案

地理位置：位于新西兰南岛塔斯曼海的西岸国家公园

重要数据：福克斯冰川深度达350米，年降雪量35米~45米，是新西兰厚度最大的冰川。新西兰有大小3100个冰川，位于新西兰南岛塔斯曼海的西岸国家公园，里面有新西兰厚度最大的冰川——福克斯冰川。

福克斯冰川的美丽与刺激

新西兰有大小3100个冰川，海洋性冰川，海拔高度比较低，旅行者很容易到达。它们是千百万年前形成的，也都是缓慢移动的，所以也叫冰河。西岸国家公园距离塔斯曼海只有10千米，保护区里的福斯冰川是新西兰厚度最大的冰川，气势磅礴，非常壮观。

福克斯冰川得名于威廉姆·福克斯爵士——1869至1872年的新西兰总理。与世界其他冰川一样，由于受到全球气候普遍变暖的影响而逐渐退却。温室效应造成降雪少于融雪，100多年来，这条冰川已经后退了2.5千米。在去福斯冰川的路上，我们可以看到"某某年冰川前端在此"的一个个标牌，对有良知的人，是很震撼的环保教育。

乘坐直升机俯瞰福克斯冰川，是看这"庞然大物"全景的最好方法。一辆飞机坐6人，起飞后，直升机往冰川直奔而去，一路上，冰川的轮廓也逐渐清晰地呈现在你眼前。别以为只有白色的冰才是冰川，由于每当夏天，冰雪融化，与山体上的泥土混合，然后在冬天再次结冰。因此，在你眼前无论是白色还是黑色，都是冰川的一部分。为了让你近距离欣赏冰川的"纹路"，直升机驾驶员会小心地将直升机驾驶到距离冰川更近的地方；在冰川之上，他会来一个360度转弯，让乘客能俯瞰整个冰川瀑布，领略那低海拔海洋性冰川的美丽与刺激。

抵达后，直升机缓缓降落在冰川之上，拿上手杖蹒跚前行。据考证，福克斯冰川形成至今已有上万年的时间。走在上面，犹如与一万年前的大自然零距离接触，感觉很是震撼。

梦幻的拍摄地

冰川并不是蓝白一片，而是有着色度、饱和度及层次变化，懂行的人能通过其颜色来辨识冰川的年代和形态。

冰只能散射太阳光里波长较短的光（即蓝光），如此，蓝色的光在冰川内部不停散射和反射，才形成了最为常见的蓝色；随着压力增大，硬度加强，空隙缩小以至消失的密实化不断升级，冰川蓝得更深了，而在冰川内部，由于太阳光的反射条件相对较差，冰川又变成了翡翠色，在更隐蔽的地方，冰川呈祖母绿。另外，通过颜色还能辨识冰川层次的深浅，较深的裂缝外通常是白的，渐渐变蓝，直至较深的地方变为墨绿乃至黑色。

新西兰和矿泉水一般纯净的景色一直得到各大导演的厚爱。早在《纳尼亚传奇Ⅱ》开拍前一年，导演安德鲁·亚当森就派出

了专业的采景小组，跨越6大洲和20多个国家，最终为凯斯宾王子的纳尼亚传奇选定了这个梦幻的拍摄场地，其中不少镜头便是在福克斯冰川取景拍摄的。

快速移动的福克斯冰川

福克斯冰川并不陡峭，它的奇妙不仅在于玉石般的色泽，瀑布般的壮观，还在于它每天以1米~5米的速度向低处蠕动着，即使因此不断化成了水，变成了溪流，也一往无前。福克斯冰川位于新西兰最高峰——库克山的背面。冰川的形成，是高山的积雪在相应的气温下渐渐凝固结而成，在凹谷间的大自然反应，结成的冰川还会向低处的山谷缓缓的下流。

福克斯冰川是新西兰西海岸最长的冰川。在它的源头，超过3000米的高耸山峰统揽群山，包括库克山和塔斯曼山。新西兰的西海岸冰川是独特的，也是世界上最容易到达的。它在温和的雨林终止时，距海平面仅250米。山地环境非常特殊，构成了西南部世界遗产景区的一部分。

在福克斯冰川，是一种非常的体验。它与天气和形貌有独特关联，福克斯和弗朗茨·约瑟夫冰川移动的速度是世界上其他冰川的近10倍，这是由于冰川峡谷和巨大的冰川顶部的积雪区域都近似漏斗的形状。

冰川经常会发生前进或后退，通过上层冰川积雪的不断累积或下层冰的熔化，保持着一种微妙的平衡。降雪增加，会导致冰

川前进，相应地，迅速融化会导致冰川退却。整个福克斯冰川1985年以来一直在前进。

当哥本哈根气候大会上热议的冰川融化、海平面上升、全球变暖形成对人类的威胁；当人们在南半球的福克斯冰川看到融化的冰川，给世界各地的旅游者带来的焦虑。终使我们悟出一个道理，冰川是美丽的，但是，这种美丽需要人类的呵护。如果人类只是把它当做风景，而不去保护，美景终有一天会成为暴怒的洪水，吞掉星球上的生物和人类。

延 伸 阅 读

"海洋性冰川"指受海洋性季风气候影响大，因此带来大量雨水，冰川累积和消融速度快。属于海洋性的冰川，其冰川运动频繁，由此多引发自然灾害。根据研究，念青唐古拉山脉东南段、喜马拉雅山脉东段、位于四川横断山脉的贡嘎山周边地区的冰川属于"海洋性冰川"。更具体的地方即贡嘎山、云南玉龙雪山周围地区，还有西藏林芝、波密地区亦即然乌湖、易贡湖和雅鲁藏布江大拐弯附近。